科技部重点研发计划"蓝色粮仓"科技创新
江西省现代农业（特种水产）产业技术体系

重大科技成果 | 稻渔工程丛书

稻渔工程
——稻田养虾技术

丛 书 主 编　洪一江

本 册 主 编　胡火根　王海华

本册副主编　洪一江　傅雪军

本册编著者（按姓氏笔画排序）

　　　　　王海华　田飞焱　李　萍　李彩刚　张　昊

　　　　　陈忠平　陈诗伟　封高茂　赵大显　胡火根

　　　　　洪一江　敖海文　曹　烈　龚海波　银旭红

　　　　　韩学忠　傅雪军　曾文超

中国教育出版传媒集团

高等教育出版社·北京

内容简介

　　稻虾综合种养技术模式是充分利用稻田生态环境，根据物种间资源互补的循环生态学机制，将水稻种植和小龙虾养殖有机结合起来，提高水体的单位产出效益，达到稳定粮食生产、提高稻米和水产品品质等目的的一项生态、高效、富民的现代循环农业技术。

　　本书结合渔业高质量发展要求与生产实践，运用"水、种、饵、混、密、轮、防、管"八字精养法，详细介绍了稻虾综合种养技术模式的理论知识、生产经验及成功案例，主要包括稻虾综合种养水稻品种与小龙虾介绍、稻虾综合种养田间工程、小龙虾苗种繁育、稻虾综合种养管理、小龙虾病害防控、小龙虾起捕运输、稻虾综合种养实例、稻虾综合种养营销推广以及稻虾综合种养生产技术操作规程等内容。本书适合从事农田生产和水产养殖的实际工作者和管理人员学习与参考，亦可作为高校农学、水产相关专业实践类教材，以及水产科技人员的培训教材。

图书在版编目（ＣＩＰ）数据

　　稻渔工程．稻田养虾技术 / 胡火根，王海华主编．
－－ 北京：高等教育出版社，2022.11
　　（稻渔工程丛书 / 洪一江主编）
　　ISBN 978-7-04-058866-8

　　Ⅰ.①稻… Ⅱ.①胡… ②王… Ⅲ.①水稻栽培②稻田－虾类养殖 Ⅳ.①S511②S966.12

　　中国版本图书馆 CIP 数据核字（2022）第 108963 号

Daoyu Gongcheng：Daotian Yangxia Jishu

策划编辑	吴雪梅	责任编辑	高新景	特约编辑	郝真真
封面设计	贺雅馨	责任印制	赵义民		

出版发行	高等教育出版社	咨询电话	400-810-0598
社　　址	北京市西城区德外大街4号	网　　址	http://www.hep.edu.cn
邮政编码	100120		http://www.hep.com.cn
印　　刷	北京中科印刷有限公司	网上订购	http://www.hepmall.com.cn
开　　本	880mm×1230 mm　1/32		http://www.hepmall.com
印　　张	5		http://www.hepmall.cn
插　　页	2	版　　次	2022 年 11 月第 1 版
字　　数	150 千字	印　　次	2022 年 11 月第 1 次印刷
购书热线	010-58581118	定　　价	26.00元

本书如有缺页、倒页、脱页等质量问题，请到所购图书销售部门联系调换
版权所有　侵权必究
物 料 号　58866-00

《稻渔工程丛书》编委会

主　编　洪一江

编　委（按姓氏笔画排序）

王海华　刘文舒　许亮清　李思明　赵大显
胡火根　洪一江　曾柳根　简少卿

数字课程（基础版）

稻渔工程
——稻田养虾技术

丛书主编　洪一江
本册主编　胡火根　王海华

登录方法：

1. 访问http://abook.hep.com.cn/58866，进行注册。已注册的用户输入用户名和密码登录，进入"我的课程"。
2. 点击页面右上方"绑定课程"，正确输入教材封底数字课程账号（20位密码，刮开涂层可见），进行课程绑定。
3. 在"我的课程"中选择本课程并点击"进入课程"即可进行学习。课程在首次使用时，会出现在"申请学习"列表中。

课程绑定后一年为数字课程使用有效期。如有使用问题，请点击页面右下角的"自动答疑"按钮。

稻渔工程——稻田养虾技术

《稻渔工程——稻田养虾技术》数字课程与纸质图书配套使用，是纸质图书的拓展和补充。数字课程包括彩色图片、稻虾综合种养生产技术操作规程等，便于读者学习和使用。

用户名：　　　　密码：　　　　验证码：　　　　5360　忘记密码？　　登录　注册

http://abook.hep.com.cn/58866

扫描二维码，下载Abook应用

序

中国稻田养鱼历史悠久，是最早开展稻田养鱼的国家。早在汉朝时，在陕西和四川等地就已普遍实行稻田养鱼，至今已有 2 000 多年历史。现今知名的浙江青田"稻渔共生系统"始于唐朝，距今也有 1 200 多年历史。光绪年间的《青田县志》载："田鱼，有红、黑、驳数色，土人在稻田及圩池中养之。"青田"稻渔共生系统" 2005 年被联合国粮农组织列为全球重要农业文化遗产，也是我国第一个农业文化遗产。然而，直至中华人民共和国成立前，我国稻田养鱼基本上都处于自然发展状态。中华人民共和国成立后，在党和政府的重视下，传统的稻田养鱼迅速得到恢复和发展。1954年第四届全国水产工作会议上，时任中共中央农村工作部部长邓子恢指出"稻田养鱼有利，要发展稻田养鱼"，正式提出了"鼓励渔农发展和提高稻田养鱼"的号召；1959年全国稻田养鱼面积突破 $6.67 \times 10^5 \ hm^2$。1981年，中国科学院水生生物研究所倪达书研究员提出了稻鱼共生理论，并向中央致信建议推广稻田养鱼，得到了当时国家水产总局的重视。2000年，我国稻田养鱼面积发展到 $1.33 \times 10^6 \ hm^2$，成为世界上稻田养鱼面积最大的国家。进入 21 世纪后，为克服传统的稻田养鱼模式品种单一、经营分散、规模较小、效益较低等问题，以适应新时期农业农村发展的要求，"稻田养鱼"推进到了"稻渔综合种养"和"稻渔生态种养"的新阶段和新认识。2007年"稻田生态养殖技术"被选入 2008—2010 年渔业科技入户主推技术。2017年，我国首个稻渔综合种养类行业标准《稻渔综合种养技术规范　第 1 部分：通则》（SC/T 1135.1—2017）发布。2016—2018 年，连续 3 年中央一号文件和相关规划均明确表示支持稻渔综合种养发展。2017年5月农业部部署国家级稻渔综合种养示范区创建工作，首批 33 个基地获批国家级稻渔综合种养示范区。至 2020 年，全国稻渔综合种养面积超过 $2.53 \times 10^6 \ hm^2$。2020 年 6 月 9 日，习近平总书记考察宁夏银川贺兰县稻渔空间乡村生态观光园，了解稻渔种养业融合发展的创新做法，指出要注意解决好稻水矛盾，采用节水技术，积极发展节水型、高附加值的种养业。

为促进江西省稻渔综合种养技术的发展，在科技部、江西省科技厅、江西省农业农村厅渔业渔政局的大力支持下，在科技部重点研发计划"蓝色粮仓科技创新"重大专项"井冈山绿色生态立体养殖综合技术集成与示范"、国家贝类产业技术体系、江西省特种水产产业技术体系、江西省科技特派团、江西省渔业种业联合育种攻关等项目资助下，2016 年起，洪一江教授组织南昌大学、江西省水产技术推广站、江西省农业科学院、江西省水产科学研究所、南昌市农业科学院、九江市农业科学院、玉山县农业农村局等专家团队实施了稻渔综合种养技术集成与示范项目，从养殖环境、稻田规划、品种选择、繁育技术、养殖技术、加工工艺以及品牌建设等全方位进行研发和技术攻关，形成了具有江西特色的稻虾、稻鳖、稻蛙、稻鳅和稻鱼等"稻渔工程"典型模式。该种新型的"稻渔工程"是以产业化生产方式在稻田中开展水产养殖的方式，以"以渔促稻、稳粮增效"为指导原则，是一种具有稳粮、促渔、增收、提质、环境友好、发展可持续等多种生态系统功能的稻渔结合的种养模式，取得了良好的经济、生态和社会效益。

作为中国稻渔综合种养产业技术创新战略联盟专家委员会主任，2017 年，我受邀在江西神农氏生态农业开发有限公司成立江西省第一家稻渔综合种养院士工作站，洪一江教授的团队作为院士工作站的主要成员单位，积极参与和开展相关技术研究，他们在江西省开展了大量"稻渔工程"产业示范推广工作并取得了系列重要成果。例如，他们帮助九江凯瑞生态农业开发有限公司、江西神农氏生态农业开发有限公司先后获得国家级稻渔综合种养示范区称号；

首次提出在江西南丰县建立国内首家中华鳖种业基地并开展良种选育；首次提出"一水两治、一蚌两用"的生态净水理念并将创新的"鱼－蚌－藻－菌"模式用于实践，取得了明显效果。他们在国内首次提出和推出"稻－鱼－蚌－藻－菌"模式应用于稻田综合种养中，成功地实现了农药和化肥使用大幅度减少60%以上的目标，对保护良田，提高水稻和水产品质量，增加收入具有重要价值。以南昌大学为首的科研团队也为助力乡村振兴提供了有力抓手，他们帮助和推动了江西省多个地区和县市的稻渔综合种养技术，受到《人民日报》《光明日报》《中国青年报》、中央广播电视总台、中国教育电视台等主流媒体报道。南昌大学"稻渔工程"团队事迹入选教育部第三届省属高校精准扶贫精准脱贫典型项目，更是获得第24届"中国青年五四奖章集体"荣誉称号，特别是在人才培养方面，南昌大学指导的"稻渔工程——引领产业扶贫新时代"项目和"珍蚌珍美——生态治水新模式，乡村振兴新动力"项目分别获得中国"互联网＋"大学生创新创业大赛银奖和金奖。

获悉南昌大学、高等教育出版社联合组织了江西省本领域的知名专家和具有丰富实践经验的生产—一线技术人员编写这套《稻渔工程丛书》，邀请我作序，我欣然应允。

本丛书有三个特点：第一，具有一定的理论知识，适合大学生、技术人员和新型职业农民快速掌握相关知识背景，对提升理论和实践水平有帮助；第二，具有明显的时代感，针对广大养殖业者的需求，解决当前生产中出现的难题，因地制宜介绍稻渔工程新技术，以利于提升整个行业水平；第三，具有前瞻性，着力向业界人士宣传以科学发展观为指导，提高"质量安全"和"加快经济增长方式转变"的新理念、新技术和新模式，推进标准化、智慧化生产管理模式，推动一、二、三产业融合发展，提高农产品效益。

本丛书内容基本集齐了当今稻渔理论和技术，包括稻渔环境与质量、稻田养鱼技术、稻田养虾技术、稻田养鳖技术、稻田养蛙技术和稻田养鳅技术等方面的内容，可供水产技术推广、农民技能培训、科技入户使用，也可作为大中专院校师生的参考教材，希望它能够成为广大农民掌握科技知识、增收致富的好帮手，成为广大热爱农业人士的良师益友。

　　谨此衷心祝贺《稻渔工程丛书》隆重出版。

中国科学院院士、发展中国家科学院院士

中国科学院水生生物研究所研究员

2022 年 3 月 26 日于武汉

前 言

    2017 年 2 月，中央一号文件指出要"发展规模高效养殖业，推进稻渔综合种养"。2017 年 10 月，党的十九大报告提出实施"乡村振兴战略"，明确了"产业兴旺、生态宜居、乡风文明、治理有效、生活富裕"的总要求，其中"产业兴旺"是第一要务。2018 年，中央一号文件《中共中央　国务院关于实施乡村振兴战略的意见》指出，农业发展必须走生态、绿色、健康可持续发展的道路。稻渔综合种养作为一种将水稻种植与水产养殖有机结合的高效生态农业生产模式，具有稳粮、提质、增效、生态等四大功效，十分符合国家乡村振兴战略发展的要求，是值得推动、推进、推广的一种高效种养技术模式。

    江西稻田资源丰富，稻渔综合种养发展历史悠久，起源于 20 世纪 80 年代，以平板式稻田养鱼和稻鱼轮作为主，主要解决了山区及水面少的地区农民吃鱼难的问题，养殖规模达到 $2.38 \times 10^4 \ hm^2$，产量达 3 465 t；发展于 20 世纪 90 年代中期，以稻鱼种养技术为核心的稻田养殖高产高效新技术得到大力发展，在 82 个县（市、区）示范应用面积达 $3.56 \times 10^4 \ hm^2$、产量 10 687 t，使稻田养鱼单产提高到 750 kg/hm² 以上，每公顷平均增效 4 500 元以上；兴盛于"十三五"期间，主要是从 2016 年起，充分依托资源优势，规范发展稻渔综合种养，不断创新集成并示范推广稻虾、稻鱼、稻鳖、稻鳅和稻蛙等稻渔综合种养技术模式，稻渔综合种养面积从 $3.33 \times 10^4 \ hm^2$（2016 年）增长到 $1.34 \times 10^5 \ hm^2$（2020 年），特别是以稻虾为主的综合种养模式得以快速发展，占据种养规模的 70% 以上；第一产业产值从 50.46 亿元提高到 112.7 亿元，每公顷平均新增效益从 15 000 元提高到 24 000 元以上，是单一种植水稻收益的 3~6 倍。稻渔综合种养产业规模持续扩大，增收效果十分明显，在稳粮、增效、优供等方面作出了积极贡献。

"十三五"以来，江西将稻渔综合种养产业打造成新时代加快推进渔业绿色发展最具活力、潜力和特色的朝阳产业。稻渔综合种养已成为实施乡村振兴战略和促进渔业绿色高质量发展的有效抓手，在培育地方经济增长新动能、推进农业供给侧结构性改革、提高农渔民收入等方面发挥着重要作用，对实现"产业兴旺"这一乡村首要重任具有重要的现实意义。同时，做大、做强、做优稻渔综合种养产业，必须把苗种繁育、综合种养、流通运输、加工贸易、餐饮消费、休闲旅游、文化节庆等集于一体进行全产业链开发、全价值链提升，才能为促进乡村产业振兴注入活力、添加动力、释放产力。

基于此，编著者在参阅稻虾综合种养技术模式相关文献、科研成果、资料和书籍基础上，结合实际生产实践案例，编写了本书，供广大渔业管理者、技术人员和水产养殖者学习、参考和借鉴。由于时间仓促，作者水平有限，不当之处敬请广大读者批评指正。

《稻渔工程丛书》承蒙中国稻渔综合种养产业技术创新战略联盟专家委员会主任、中国科学院院士、发展中国家科学院院士、中国科学院水生生物研究所研究员桂建芳先生作序，编著者对此关爱谨表谢忱。

编著者
2022 年 5 月

目　录

第五章　小龙虾病害防控 ……………………………… 66

第一章

稻虾综合种养水稻品种与小龙虾介绍

第一节　水稻品种介绍

稻虾综合种养技术，包括稻虾共作与稻虾轮作两种综合种养模式，是一种复合生态种养模式，将水稻种植和克氏原螯虾（以下简称小龙虾）养殖组合到一个生态系统中，实现了"一水两用、一田双收、生态循环、高效节能"，不仅提高了农田资源利用率，还改善了稻田生态结构与功能。

稻虾综合种养的水稻品种应该选择叶片开张角度小，抗病虫害、抗倒伏、抗逆性好、适应性广且耐肥性强的紧穗型高产且口感舒适的优质水稻品种，按照正常的水稻栽种方法种植即可。不开展小龙虾繁育的稻田应种植早中稻，以便实现提早育苗；不开展小龙虾繁育的有环沟稻田和无环沟稻田均可种植中晚稻；开展小龙虾晚育苗的有环沟稻田可以种植晚稻。具体的水稻种植品种介绍如下。

一、中晚稻

1. '黄华占'（赣引稻 2009010）

（1）选育单位　广东省农业科学院水稻研究所。

（2）品种来源　'黄新占'和'丰华占'常规选育。

（3）特征特性　籼型常规水稻品种。2013 年引种试验，全生育期 128.2 d 左右。株型适中，茎秆坚韧，剑叶挺直，熟期转色好。株高 95.4 cm，结实率 84.9%，千粒重 20.9 g。米质达国优 2 级。稻瘟病综合指数为 5.7。

（4）产量表现　2013 年江西省水稻引种试验，平均每公顷产

8 332.5 kg。

（5）技术要点　5月中下旬播种，秧田播种量每公顷225.0 kg，大田用种量每公顷22.5～30.0 kg，秧龄不超过30 d。栽插规格16.67 cm×20.00 cm，每穴插3～4粒谷，每公顷插足基本苗180万～225万。施足基肥，早施、重施促蘖肥，后期看苗补施钾肥。深水返青，浅水分蘖，后期不宜断水过早。根据当地农业部门的病虫预报，及时防治病虫害。

（6）适宜地区　稻瘟病轻发区种植。

（7）推荐理由　米质优，抗性较强，产量较高，适应性广，是种植面积大且稳定的常规水稻品种，深受市场和粮食加工企业青睐。

（8）风险提示　①该品种为常规水稻品种，应加大用种量。②提前处理秧田上年的遗留稻种，防止大田混杂。③该品种米质较优，为确保米质，应合理安排播种期，施足基肥，早施、重施促蘖肥，控施氮肥，后期看苗补施钾肥，后期断水不宜过早。④种植年份较久，应重点防治稻瘟病。

2.'赣晚籼37号'（原名'926'，赣审稻2005054）

（1）选育单位　江西省农业科学院水稻研究所。

（2）品种来源　'赣晚籼30号'自然杂交选育。

（3）特征特性　籼型常规水稻品种。全生育期126.9 d。株型适中，植株整齐，分蘖力较强，有效穗较多，穗型长，着粒稀。株高137.4 cm，结实率79.9%，千粒重27.4 g。米质达国优3级。穗颈瘟损失率最高级9级，高感稻瘟病。

（4）产量表现　2003年、2004年江西省水稻区试，2003年平均每公顷产6 938.4 kg，比对照'汕优63'减产10.04%，差异显著；2004年平均每公顷产7 618.05 kg，比对照'汕优63'减产2.92%。

（5）技术要点　5月中下旬播种，秧田播种量每公顷150～225 kg，大田用种量每公顷22.5～30.0 kg。秧龄30 d，栽插规格16.67 cm×20.00 cm，每穴插4粒谷，每公顷插足基本苗120万。播种前秧田每公顷施钙镁磷肥 375 kg，2 叶 1 心期每公顷施尿素、氯化钾各 45~60 kg 作"断奶肥"，移栽前 5 d 用等量的肥料施一次"送嫁肥"。大田移栽前每公顷施钙镁磷肥 450 kg，移栽后 5~7 d 每公顷施尿素 225 kg、氯化钾 300 kg，倒 2 叶露尖期每公顷施氯化钾150 kg。氮、磷、钾肥施用比例为 1.0∶0.5∶1.5。带水插秧，插后灌水护苗，有效分蘖期浅水与露田相结合，即每次灌水 2~3 cm，待其自然落干后露田 1~2 d 再灌 2~3 cm 浅水，当苗数达到计划苗数的 80% 时，立即排水晒田，到倒 2 叶露尖期复水 2~3 cm，直至乳熟期，收割前 7 d 断水。秧苗期主要防治稻蓟马、稻瘟病，大田主要防治叶瘟、穗瘟、稻纵卷叶螟、螟虫、稻飞虱和纹枯病。

（6）适宜地区　平原地区的稻瘟病轻发区种植。

（7）推荐理由　米质优，产量较高，是种植面积较稳定的常规水稻品种，深受市场和粮食加工企业青睐。

（8）风险提示　①该品种为常规水稻品种，应加大用种量。②种植年份较久，应重点防治稻瘟病。③植株较高，应注意防倒伏。④该品种米质优，为确保米质，应合理安排播种期，施足基肥，早施、重施促蘖肥，控施氮肥，后期看苗补施钾肥，后期断水不宜过早。⑤生育期适中，抽穗扬花期避开高温。

3.'美香新占'（赣审稻 2016026）

（1）选育单位　江西兴安种业有限公司、深圳市金谷美香实业有限公司。

（2）品种来源　'美香占 2 号系'选育。

（3）特征特性　籼型常规晚稻品种。全生育期 122.4 d。株型适中，剑叶直，分蘖力强，有效穗多，稃尖无色，穗粒数多、着粒密，熟期转色好。株高 89.8 cm，穗长 20.4 cm，结实率 74.3%，千粒重 21.3 g。米质达国优 3 级。穗颈瘟损失率最高级 7 级，高感稻瘟病；稻瘟病综合指数为 2.5。

（4）产量表现　2014 年参加江西省水稻区试，平均每公顷产8 206.8 kg，比对照'天优华占'减产 6.86%，差异极显著。

（5）技术要点 6月20日前播种，秧田播种量每公顷300 kg，大田用种量每公顷37.5 kg。秧龄20~25 d。栽插规格16.67 cm×23.33 cm或20.00 cm×20.00 cm，每穴插3~4粒谷。大田每公顷施纯氮150 kg，氮、磷、钾肥施用比例为1.0∶0.6∶1.0，每公顷施45%三元复合肥375 kg作底肥，栽后5~7 d结合施用除草剂每公顷追施尿素90~150 kg作追肥，幼穗分化初期每公顷施氯化钾112.5 kg，后期看苗补施穗肥。浅水移栽，寸水返青，干湿交替促分蘖，够苗晒田，有水孕穗，浅水抽穗，湿润灌浆，收割前7 d断水。根据当地农业部门病虫预报，及时防治稻瘟病、纹枯病、二化螟、稻纵卷叶螟、稻飞虱等病虫害。

（6）适宜地区 稻瘟病轻发区种植。

（7）推荐理由 米质优，适应性广，稳产性好，是种植面积逐年增大的常规水稻品种，深受市场和粮食加工企业青睐，是高端米首选常规品种之一。

（8）风险提示 ①该品种为常规水稻品种，应加大用种量。②提前处理秧田上年的遗留稻种，防止大田混杂。③该品种米质优，为确保米质，应合理安排播种期，施足基肥，早施、重施促蘖肥，控施氮肥，后期看苗补施钾肥，后期断水不宜过早。④生育期适中，抽穗扬花期避开高温。

4.'赣晚籼38号'（原名'外七'，赣审稻2008002）

（1）选育单位 江西省农业科学院水稻研究所、江西省邓家埠水稻原种场农业科学研究所。

（2）品种来源 泰国引进的优质常规一季稻品种。

（3）特征特性 籼型常规水稻品种。全生育期160~165 d。株型较紧凑，分蘖力强，茎秆粗壮，剑叶微卷，着粒较密，稃尖无色。株高125.0 cm，结实率82.4%，千粒重28.0 g。米质优。

（4）产量表现 大田种植每公顷可产7 188.6 kg。

（5）技术要点 4月下旬至5月上旬播种，秧田播种量每公顷225 kg，大田用种量每公顷22.5 kg。秧龄25~30 d。栽插规格

20.00 cm×23.33 cm 或 20.00 cm×26.67 cm，每穴插 2 粒谷。每公顷施钙镁磷肥 450 kg 作基肥，移栽后 5~7 d 每公顷追施尿素 225 kg、氯化钾 300 kg，氮、磷、钾肥施用比例为 1.0∶0.5∶1.5。浅水插秧、灌水护苗，浅水分蘖，够苗晒田，收割前 7 d 断水。根据当地农业部门的病虫预报，及时防治病虫害。

（6）适宜地区　稻瘟病轻发区种植。

（7）推荐理由　米质优，是种植面积较稳定的常规水稻品种。深受市场和粮食加工企业青睐，是高端米首选常规品种之一。

（8）风险提示　①该品种为常规水稻品种，应加大用种量。②生育期较长，应合理安排播种期，确保安全齐穗。③该品种米质优，应施足基肥，早施、重施促蘖肥，控施氮肥，后期看苗补施钾肥，后期断水不宜过早。④种植年份较久，应重点防治稻瘟病。⑤植株较高，应采取相应措施防倒伏。

5. '天优华占'（国审稻 2011008）

（1）选育单位　江西先农种业有限公司、中国水稻研究所。

（2）品种来源　'天丰 A'×'华占'。

（3）特征特性　籼型三系杂交水稻品种。全生育期平均131.0 d。植株较矮，株型适中，群体整齐，剑叶挺直，稃尖紫色，谷粒有短顶芒，熟期转色好。株高 109.6 cm，结实率 82.7%，千粒重 24.9 g。米质较优。稻瘟病综合指数 3.1。

（4）产量表现　2009 年、2010 年国家水稻区试，两年平均每公顷产 8 860.5 kg，比对照 'Ⅱ优 838' 增产 7.4%。

（5）技术要点　秧田播种量每公顷 90 kg，大田用种量每公顷15 kg，适时播种，培育壮秧。适龄移栽，插足基本苗，采取宽行窄株为宜。移栽后早施追肥，水分管理做到浅水插秧活棵，薄水发根促蘖；孕穗期至齐穗期田间有水层；齐穗后间歇灌溉，湿润管理，成熟收获前 5~6 d 断水。根据当地农业部门的病虫预报，及时防治病虫害。

（6）适宜地区　稻瘟病轻发区种植。

（7）推荐理由 农业农村部主推品种。稳产、高产，适应性广，是种植面积较大的杂交水稻品种。

（8）风险提示 ①该品种为杂交种，不能留种。②生育期适中，应合理安排播种期，抽穗扬花期避开高温。③该品种米质较优，应施足基肥，早施分蘖肥，控施氮肥，后期断水不宜过早。

6. '和两优 625'（赣审稻 2015007）

（1）选育单位 江西科源种业有限公司。

（2）品种来源 '和 620S'בR6265'。

（3）特征特性 籼型两系杂交水稻品种。全生育期 125.2 d。株型适中，剑叶挺直，叶色浓绿，长势繁茂，分蘖力强，有效穗多，稃尖无色，穗大粒多，熟期转色好。株高 120.7 cm，穗长 25.0 cm，结实率 84.9%，千粒重 24.6 g。米质较优。穗颈瘟损失率最高级 9 级，高感稻瘟病。

（4）产量表现 2012 年、2013 年江西省水稻区试，两年平均每公顷产 8 629.65 kg，比对照 'Y 两优 1 号'增产 3.32%。

（5）技术要点 丘陵、山区 4 月下旬至 5 月中旬播种，平原、湖区 5 月 23—28 日播种，秧田播种量每公顷 150 kg，大田用种量每公顷 15.0 kg。秧龄 30 d。栽插规格 16.67 cm×26.67 cm，每穴插 2 粒谷。基肥足、蘖肥早、穗肥饱、粒肥巧，每公顷施纯氮 255 kg，氮、磷、钾肥施用比例为 1.0∶0.5∶1.1。够苗晒田，有水孕穗，湿润灌浆，后期不要断水过早。加强稻瘟病、稻飞虱等病虫害的防治。

（6）适宜地区 稻瘟病轻发区种植。

（7）推荐理由 适应性广，稳产、高产，是种植面积逐年增大的杂交水稻品种。

（8）风险提示 ①该品种为杂交种，不能留种。②生育期适中，应合理安排播种期，抽穗扬花期避开高温。③高感稻瘟病，稻瘟病重发区不宜种植。

7. '晶两优华占'（赣审稻 2016007）

（1）选育单位 江西天涯种业有限公司、湖南亚华种业科学研究院、中国水稻研究所。

（2）品种来源　'晶4155S'ד华占'。

（3）特征特性　籼型两系杂交水稻品种。全生育期129.3 d。株型适中，剑叶挺直，长势繁茂，分蘖力强，有效穗多，稃尖无色，穗粒数多，熟期转色好。株高113.4 cm，穗长24.4 cm，结实率84.3%，千粒重22.9 g。穗颈瘟损失率最高级7级，高感稻瘟病；稻瘟病综合指数2.1。

（4）产量表现　2013年、2015年江西省水稻区试，两年平均每公顷产9 077.85 kg，比对照'Y两优1号'增产5.52%。

（5）技术要点　5月16日左右播种，秧田播种量每公顷150 kg，大田用种量每公顷15.0 kg。秧龄不超过30 d。栽插规格20.00 cm×26.67 cm，每穴插2～3粒谷。每公顷施纯氮180 kg、磷90 kg、钾97.5 kg，重施底肥，早施追肥，后期看苗补施穗肥。深水活蔸，干湿交替促分蘖，够苗晒田，浅水孕穗，湿润灌浆，后期不要断水过早。根据当地农业部门病虫预报，及时防治稻瘟病、纹枯病、稻曲病、二化螟、稻纵卷叶螟、稻飞虱等病虫害。

（6）适宜地区　稻瘟病轻发区种植。

（7）推荐理由　适应性广，株叶形态好，稳产、高产，是种植面积逐年增大的杂交水稻品种。

（8）风险提示　①该品种为杂交种，不能留种。②生育期适中，应合理安排播种期，抽穗扬花期避开高温。③应控施氮肥，湿润灌浆，后期断水不宜过早。④高感稻瘟病，重发区不宜种植。

二、晚稻

1. '泰优398'（赣审稻2012008）

（1）选育单位　江西现代种业股份有限公司。

（2）品种来源　'泰丰A'ד广恢398'。

（3）特征特性　籼型三系杂交水稻品种。全生育期111.2 d。株型适中，长势一般，分蘖力强，有效穗多，稃尖无色，穗粒数中，熟期转色好。株高 85.8 cm，结实率 80.1%，千粒重 23.1 g。米质达国优 2 级。穗颈瘟损失率最高级 9 级。

（4）产量表现 2010 年、2011 年江西省水稻区试，两年平均每公顷产 6 711.75 kg，比对照'金优 207'减产 1.01%。

（5）技术要点 6 月 25—30 日播种，秧田播种量每公顷 150 ~ 225 kg，大田用种量每公顷 22.5 ~ 30.0 kg。塑料软盘育秧 3.1 ~ 3.5 叶期抛栽，湿润育秧 4.5 ~ 5.0 叶期移栽，秧龄 20 d 左右。栽插规格 16.67 cm × 16.67 cm 或 16.67 cm × 20.00 cm，每穴插 2 粒谷。每公顷施 45% 水稻专用复合肥 450 kg 作基肥，移栽后 5 ~ 6 d 结合施用除草剂每公顷追施尿素 150 ~ 225 kg、氯化钾 75 ~ 150 kg。干湿交替促分蘗，有水孕穗，干湿交替壮籽，后期不要断水过早。根据当地农业部门病虫预报，及时防治病虫害。

（6）适宜地区 稻瘟病轻发区种植。

（7）推荐理由 米质优，口感好，熟期较早，是种植面积较稳定的杂交水稻品种。同时大米适宜外销，深受市场和粮食加工企业青睐，是高端米首选杂交品种之一。

（8）风险提示 ①该品种为杂交种，不可留种使用。②秧龄控制在 20 d 以内。③高感稻瘟病，重发区不宜种植。④米质优，灌浆慢，重施底肥，增施穗肥，后期不可断水过早。

2. '五优华占'（赣审稻 2013007）

（1）选育单位 江西先农种业有限公司。

（2）品种来源 '五丰 A'×'华占'。

（3）特征特性 籼型三系杂交水稻品种。全生育期 120.1 d。株型适中，叶色浓绿，剑叶挺直，长势繁茂，分蘗力强，有效穗多，稃尖紫色，穗粒数多，熟期转色好。株高 93.2 cm，结实率 77.8%，千粒重 22.2 g。米质达国优 1 级。穗颈瘟损失率最高级 9 级。

（4）产量表现 2010 年、2011 年江西省水稻区试，两年平均每公顷产 7 539.15 kg，比对照'岳优 9113'增产 7.21%。

（5）技术要点 6 月 25 日左右播种，大田用种量每公顷

15.0 kg。秧龄 30 d 以内。栽插规格 16.67 cm×20.00 cm，每穴插 3～4 粒谷。大田每公顷施 45% 的复合肥 450 kg、尿素 75 kg 作基肥，移栽后 5～7 d 每公顷追施尿素 150 kg、氯化钾 75 kg，后期看苗补肥。深水活蔸，浅水勤灌，够苗晒田，齐穗后干湿交替壮籽，后期不要断水过早。根据当地农业部门的病虫预报，及时防治病虫害。

（6）适宜地区　稻瘟病轻发区种植。

（7）推荐理由　结实率高，熟期适中，高产、稳产，是种植面积较大的杂交品种。

（8）风险提示　①该品种为杂交种，不能留种。②高感稻瘟病，重发区不宜种植。③齐穗后干湿交替壮籽，后期不要断水过早。

3.‘泰优 98’（赣审稻 2015046）

（1）选育单位　江西现代种业股份有限公司。

（2）品种来源　‘泰丰 A’בⅤ398’。

（3）特征特性　籼型三系杂交水稻品种。全生育期 118.3 d。株型略散，剑叶挺直，长势繁茂，分蘖力强，有效穗多，稃尖无色，穗粒数较多，熟期转色好。株高 100.9 cm，穗长 21.6 cm，结实率 83.1%，千粒重 23.4 g。米质达国优 3 级。穗颈瘟损失率最高级 9 级，高感稻瘟病。

（4）产量表现　2012 年、2013 年江西省水稻区试，两年平均每公顷产 8 105.85 kg，比对照‘岳优 9113’增产 2.18%。

（5）技术要点　6 月 25—30 日播种，秧田播种量每公顷 150～225 kg，大田用种量每公顷 22.5～30.0 kg。塑料软盘育秧 3.1～3.5 叶期抛栽，湿润育秧 4.5～5.0 叶期移栽，秧龄 20 d 左右。栽插规格 16.68 cm×16.68 cm 或 16.68 cm×20.00 cm，每穴插 2 粒谷。重施底肥，底肥占总用肥量的 70%～80%，移栽后 5～6 d 结合施用除草剂每公顷追施尿素 150～225 kg、氯化钾 75～150 kg。干湿交替促分蘖，有水孕穗，干湿交替壮籽，后期不要断水过早。根据当地农业部门病虫预报，及时防治稻瘟病、二化螟、稻纵卷叶螟、稻飞虱等病虫害。

（6）适宜地区   稻瘟病轻发区种植。

（7）推荐理由   米质优，是种植面积逐年增大的杂交水稻品种，深受市场和粮食加工企业青睐，是高端米首选杂交品种之一。

（8）风险提示   ①该品种为杂交种，不能留种。②高感稻瘟病，重发区不宜种植。③米质优，灌浆慢，重施底肥，后期灌浆不可断水过早。

4.'早丰优华占'（赣审稻2014015）

（1）选育单位   江西先农种业有限公司、中国水稻研究所、广东省农业科学院水稻研究所。

（2）品种来源   '早丰A'×'华占'。

（3）特征特性   籼型三系杂交水稻品种。全生育期115.8 d。株型适中，叶片挺直，分蘖力强，有效穗多，稃尖无色，穗粒数多，熟期转色好。株高95.4 cm，结实率80.7%，千粒重23.1 g。米质达国优2级。穗颈瘟损失率最高级9级。

（4）产量表现   2012年、2013年江西省水稻区试，两年平均每公顷产8 407.05 kg，比对照'岳优9113'增产6.85%。

（5）技术要点   6月24日左右播种，大田用种量每公顷15 kg。秧龄30 d以内。栽插规格16.67 cm×20.00 cm，每穴插3～4粒谷。每公顷施用45%复合肥450 kg、尿素75 kg作基肥，移栽后5～7 d结合施用除草剂每公顷追施尿素150 kg、氯化钾75 kg，后期看苗补肥。深水活蔸，浅水分蘖，够苗晒田，干湿交替壮籽，后期不要断水过早。根据当地农业部门病虫预报，及时防治稻瘟病、纹枯病、二化螟、稻纵卷叶螟、稻飞虱等病虫害。

（6）适宜地区   稻瘟病轻发区种植。

（7）推荐理由   米质较优，产量较高，熟期适中，适应性广，是种植面积较为稳定的杂交水稻品种。

（8）风险提示   ①该品种为杂交种，不能留种。②高感稻瘟病，重发区不宜种植。③功能叶偏小，应重施底肥，增施穗肥，后期不可断水过早。

5．'五优 61'（赣审稻 2015031）

（1）选育单位　江西天涯种业有限公司。

（2）品种来源　'五丰 A'דR61'。

（3）特征特性　籼型三系杂交水稻品种。全生育期 116.0 d。株型适中，剑叶宽直，长势繁茂，分蘖力强，有效穗多、着粒密，稃尖紫色，熟期转色好。株高 98.8 cm，穗长 20.3 cm，结实率 81.7%，千粒重 23.2 g。米质达国优 3 级。穗颈瘟损失率最高级 9 级，高感稻瘟病。

（4）产量表现　2013 年、2014 年江西省水稻区试，两年平均每公顷产 8 459.1 kg，比对照'岳优 9113'增产 6.60%。

（5）技术要点　6 月 25 日左右播种，秧田播种量每公顷 180 kg，大田用种量每公顷 15.0～22.5 kg。秧龄不超过 25 d。栽插规格 16.68 cm×20.00 cm，每穴插 2 粒谷。每公顷施 45% 复合肥 375 kg、尿素 75 kg 作基肥，移栽后 5～7 d 每公顷追施尿素 150 kg、氯化钾 150 kg，后期穗肥每公顷追施 45% 复合肥或尿素 75 kg。深水返青，浅水分蘖，够苗晒田，有水孕穗，浅水抽穗，湿润灌浆，干湿交替，收割前 7 d 断水。根据当地农业部门病虫预报，及时防治稻瘟病、纹枯病、稻曲病、矮缩病、二化螟、稻纵卷叶螟、稻飞虱等病虫害。

（6）适宜地区　稻瘟病轻发区种植。

（7）推荐理由　结实率高，熟期适中，高产、稳产，是种植面积较大的杂交水稻品种。

（8）风险提示　①该品种为杂交种，不能留种。②高感稻瘟病，重发区不宜种植。③齐穗后干湿交替壮籽，后期不要断水过早。

6．'吉优雅占'（赣审稻 2015018）

（1）选育单位　江西天涯种业有限公司。

（2）品种来源　'吉丰 A'ד雅占'。

（3）特征特性　籼型三系杂交水稻品种。全生育期 121.0 d。株型适中，叶色浓绿，剑叶挺直，分蘖力强，秆尖紫色，穗粒数多，熟期转色好。株高 98.8 cm，结实率 81.8%，千粒重 25.9 g。米质达国优 2 级。穗颈瘟损失率最高级 9 级。

（4）产量表现　2013 年、2014 年江西省水稻区试，两年平均每公顷产 8 673.75 kg，比对照'天优 998'增产 5.63%。

（5）技术要点　6 月 15—18 日播种，秧田播种量每公顷 180 kg，大田用种量每公顷 22.5 kg。秧龄 25～28 d。栽插规格 20 cm×20 cm，每穴插 2 粒谷。每公顷施 45% 三元复合肥 600 kg 作底肥，栽后 5～7 d 结合施用除草剂每公顷追施尿素 112.5～150.0 kg 促分蘖，幼穗分化初期每公顷追施氯化钾 112.5 kg，后期看苗补施肥。浅水移栽，寸水返青，干湿交替促分蘖，够苗晒田，有水孕穗，浅水抽穗，湿润灌浆，干湿交替，收割前 7 d 断水。根据当地农业部门病虫预报，及时防治稻瘟病、纹枯病、二化螟、稻飞虱等病虫害。

（6）适宜地区　稻瘟病轻发区种植。

（7）推荐理由　产量较高、适应性较广、米质较优，是种植面积逐年增大的杂交水稻品种。2016 年稻谷市场参考收购价格为 2.7 元 /kg 左右。

（8）风险提示　①该品种为杂交种，不能留种。②高感稻瘟病，重发区不宜种植。③后期应干湿交替壮籽，提高米质和产量。

7. '荣优华占'（赣审稻 2012016）

（1）选育单位　江西先农种业有限公司。

（2）品种来源　'荣丰 A'×'华占'。

（3）特征特性　籼型三系杂交水稻品种。全生育期 125.9 d。株型适中，叶色浓绿，剑叶挺直，长势繁茂，分蘖力强，有效穗多，秆尖紫色，穗粒数多，熟期转色好。株高 93.9 cm，结实率 77.5%，千粒重 24.5 g。米质达国优 3 级。穗颈瘟损失率最高级 9 级。

（4）产量表现　2010 年、2011 年江西省水稻区试，两年平均每公顷产 7 560.15 kg，比对照'天优 998'增产 3.59%。

（5）技术要点　6月20日左右播种，大田用种量每公顷15.0 kg。秧龄30 d以内。栽插规格16.67 cm×20.00 cm，每穴插3～4粒谷。大田每公顷施45%的复合肥450 kg、尿素75 kg作基肥，移栽后5～7 d结合施用除草剂每公顷施尿素150 kg、氯化钾75 kg，后期看苗补肥。深水活蔸，浅水勤灌，够苗晒田，齐穗后干湿交替壮籽，后期不要断水过早。根据当地农业部门病虫预报，及时防治病虫害。

（6）适宜地区　稻瘟病轻发区种植。

（7）推荐理由　高产、稳产，适应性较广，是种植面积较为稳定的杂交水稻品种。

（8）风险提示　①该品种为杂交种，不能留种。②高感稻瘟病，重发区不宜种植。③适时播种，确保安全齐穗。④后期应干湿交替壮籽，提高米质和产量。

8.‘天优雅占’（赣审稻2015023）

（1）选育单位　江西天涯种业有限公司。

（2）品种来源　‘天丰A’ד雅占’。

（3）特征特性　籼型三系杂交水稻品种。全生育期122.4 d。株型适中，剑叶短宽，长势繁茂，分蘖力强，秆尖紫色，穗粒数多，熟期转色好。株高99.0 cm，穗长20.5 cm，结实率79.6%，千粒重25.2 g。米质达国优2级。穗颈瘟损失率最高级9级，高感稻瘟病。

（4）产量表现　2013年、2014年江西省水稻区试，两年平均每公顷产8 705.55 kg，比对照‘天优998’增产5.07%。

（5）技术要点　6月15—18日播种，秧田播种量每公顷180 kg，大田用种量每公顷15.0 kg。秧龄25～28 d。栽插规格20.00 cm×20.00 cm，每穴插2粒谷。每公顷施45%三元复合肥375～450 kg作底肥，栽后5～7 d结合施用除草剂每公顷追施尿素112.5～150.0 kg促分蘖，幼穗分化初期每公顷追施氯化钾112.5 kg，后期看苗补施肥。浅水移栽，寸水返青，干湿交替促分蘖，够苗晒田，有水孕穗，浅水抽穗，湿润灌浆，干湿交替至成熟，收割前7 d断水。

根据当地农业部门病虫预报，及时防治稻瘟病、纹枯病、二化螟、稻飞虱等病虫害。

（6）适宜地区　稻瘟病轻发区种植。

（7）推荐理由　稳产、高产，适应性广，是种植面积逐年增大的杂交水稻品种。

（8）风险提示　①该品种为杂交种，不能留种。②高感稻瘟病，重发区不宜种植。③适时播种，确保安全齐穗。④后期应干湿交替壮籽，提高米质和产量。

第二节　小龙虾（克氏原螯虾）介绍

小龙虾，中文学名为克氏原螯虾，是近年来我国水产养殖业中发展最为迅速、最具特色、最具潜力的养殖品种。小龙虾稻田综合种养为国内各地小龙虾养殖主要技术模式，占养殖总面积的70%以上，通过在水稻田中养殖小龙虾，实现了稻、虾的双丰收，可有效提高稻田单位面积效益。目前，稻（水稻）虾（小龙虾）综合种养模式已成为促进我国农村经济发展、农民增收致富的重要途径之一。小龙虾属外来物种，在我国定居了80多年，已经形成了具有稳定遗传的多水系品种，如鄱阳湖、洞庭湖、淮河、汉江等水系品种，其中以鄱阳湖水系的小龙虾生长最快。在稻虾综合种养模式中，有必要充分了解小龙虾的生长、生活、繁殖等生物学特性的规律。

一、分类与分布

克氏原螯虾（*Procambarus clarkii*）在动物分类学上隶属节肢动物门（Arthropoda）、甲壳亚门（Crustacea）、软甲纲（Malacostraca）、十足目（Decapoda）、美螯虾科（Cambaridae）、原螯虾属（*Procambarus*）；英文名为 red swamp crayfish，俗称小龙虾、淡水龙虾、淡水小龙虾（图1-1）。它在淡水螯虾类中属中小型个体，原产北美洲的美国中

图 1-1 克氏原螯虾

南部和墨西哥北部。目前，克氏原螯虾（以下简称小龙虾）广泛分布于世界五大洲近 40 个国家和地区。世界各国小龙虾的产量已占淡水螯虾产量的 70%～80%。

小龙虾于 20 世纪 30 年代由日本传入我国境内，最早在江苏的南京地区，随着自然种群的扩展、各种水域中生物的交换和人类频繁的经济活动，小龙虾现已广泛分布于我国东北、华北、西北、西南、华东、华中、华南及台湾等地区，形成了资源量很大的天然独立种群，尤其是在长江中下游的湖北、江苏、安徽、江西、浙江、湖南和上海，资源量占 90% 以上，是我国出口创汇的重要特种水产品之一。

二、营养价值

经初步测定，小龙虾可食比例为 20%～30%，虾肉占体重的15%～18%。虾肉中蛋白质含量占鲜重的 18.9%，脂肪为 1.6%，几丁质 2.1%，灰分 16.8%，矿物质 6.6%，微量元素较为丰富，是一种高蛋白、低胆固醇、低脂肪的健康食品。小龙虾因肉味鲜美、营养丰富，深受国内外人民的青睐，成为城乡居民餐桌上的美味佳肴。

小龙虾含有人体所必需而体内又不能合成或合成量不足的 8 种

必需氨基酸，含有幼儿生长发育所必需的组氨酸。占小龙虾体重5%的肝胰脏（即"虾黄"）更是食物珍品，其中含有大量的不饱和脂肪酸、蛋白质、游离氨基酸和硒等微量元素，以及维生素A、维生素C、维生素D。

虾肉中含有较多的原肌球蛋白和副肌球蛋白，对提高运动耐力很有帮助。小龙虾壳红，富含更多的铁、钙和胡萝卜素。

三、经济价值

20世纪50年代，美国率先开始养殖小龙虾，其后是欧洲南部有少量养殖。我国20世纪70年代开始有零星养殖，至今已发展到池塘、稻田、莲藕塘、小型湖泊、沟渠等养殖水体中。国内价格由初期的1元/kg上升到2020年的平均46元/kg。目前，小龙虾主要的消费渠道有三个：一是加工。随着国内市场对小龙虾加工产品需求量的增大，国内小龙虾的加工业也在不断发展。据调查，全国小龙虾规模以上的加工企业达到了150多家，年加工能力达到10^6 t，加工潜力还有很大的空间。二是出口。小龙虾的出口量很大，2019年出口量达到1.49×10^5 t，出口额达到了1.68亿美元。而由于一些特殊的原因，2020年小龙虾出口量下滑，全年出口总量仍达到7 741 t，出口额达到了0.76亿美元。三是消费。国内小龙虾消费需求量很大，消费方式多样，主要以夜宵大排档、品牌餐饮企业主打菜品和互联网餐饮为主。其中，品牌餐饮企业主打菜品的发展迅速，北上广等一线城市小龙虾餐厅数量大幅增加。由此可见，小龙虾的市场需求量巨大，而且还处于持续上升的阶段。2020年，受新冠肺炎疫情的影响，小龙虾餐饮业受到了较大影响，但家庭消费特别是熟制产品得到了快速提升，今后小龙虾需求空间仍然巨大，市场前景广阔。

研究表明，小龙虾除加工成虾仁、虾球、整虾外，还有70%～80%的部分（主要为虾头和虾壳）可作为化学工业原料开发利用。对废弃的虾头和虾壳形成产业化、规模化的深加工和综合利用，其衍生的高附加值产品有近100项，转化增值的直接效益每年将超过上千亿元。虾壳和虾头富含地球上第二大再生资源甲壳素，甲壳素及其衍生物在食品、化工、医药、农业、环保等领域具有十分重要的应用价值。甲壳素可以分解出"人体第六生命要素"——壳聚糖。壳聚糖在农业上可以促进种子发育，提高植物抗菌力，做地膜材料；在医药方面可用于制造降解缝合材料、人造皮肤、止血剂、抗凝血剂、伤口愈合促进剂；在日用化工上可用于制造洗发香波、头发调理剂、固发剂、牙膏添加剂等，具有广阔的发展前景。此外，虾壳还可制作生物柴油催化剂。

四、形态特征

小龙虾整个躯体由头胸部和腹部共20节组成，共有附肢19对，尾节无附肢（图1-2）。整个体表具有坚硬的甲壳。头胸部共13节，头部为5节，胸部为8节。头胸部呈圆筒型，前端有一呈三角形额角。额角表面中部呈凹陷状，两侧隆起，其尖端呈锐刺状。头胸甲中部有一弧形颈沟，两侧分布很多粗糙颗粒。腹部共7节，后端扁平的尾节与第6腹节的附肢共同组成尾扇。胸足有5对，第1对呈粗大螯状型，第2对和第3对呈钳状型，后2对呈爪状型。腹足有6对，雌性第1对腹足已退化，雄性前2对腹足演变为钙质

图1-2　小龙虾形态特征

交接器。每对附肢具有各自的功能。小龙虾性成熟个体为暗红色或深红色，未成熟个体为淡褐色、淡青色、黄褐色等。

小龙虾头部有触须 3 对，触须近头部粗大，尖端小而尖。在头部外缘的一对触须特别粗长，一般比体长长 1/3；在一对长触须中间为两对短触须，长度约为体长的一半。栖息和正常爬行时 6 条触须均向前伸出，若受惊吓或受攻击时，两条长触须弯向尾部，以防尾部受攻击。尾部有 5 片强大酌尾扇，母虾在抱卵期和孵化期，尾扇均向内弯曲，爬行或受敌时可保护受精卵或稚虾免受伤害。

五、栖息环境和生活习性

小龙虾栖息于永久性溪流和沼泽，临时的栖息地包括沟渠和池塘。在洪水退去的地区，可以在简单的洞穴中被发现。还可以生活在水体较浅、水草丰盛的湿地、湖泊和河沟内。

小龙虾具有较广的适宜生长温度，在水温为 10～30℃时均可正常生长发育。亦能耐高温与严寒，可耐受 40℃以上的高温，也可在气温为 -14℃以下安然越冬。小龙虾生长迅速，在适宜的温度和充足的饵料供应下，经 2 个多月的养殖，即可达到性成熟，并达到商品虾规格，一般雄虾生长快于雌虾。同许多甲壳类动物一样，小龙虾的生长伴随着蜕壳，蜕壳时一般寻找隐蔽物，如水草丛中或植物叶片下。蜕壳后最大体重增加量可达 95%，一般蜕壳 12 次即可达到性成熟，性成熟个体可以继续蜕壳生长。其寿命不长，一般为 18～24 个月，但也有极少数雌虾寿命达 3～4 年。

小龙虾遇高温（33℃以上）、低温（8℃以下）和繁殖季节需要掘洞穴居，其洞穴位于池水位上下 10 cm，洞穴深度可达 0.6～1.2 m，内有少量积水，以保持湿度，洞口以泥帽封住或敞开。在夏季的夜晚或暴雨过后或缺乏食物时，小龙虾有攀爬上岸的习惯，可越过堤坝，进入其他水体（图 1-3）。

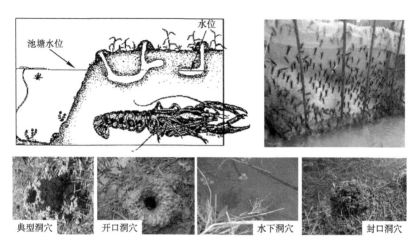

图1-3　小龙虾穴居习性（唐建清等，2006）

六、食性

小龙虾以摄食有机碎屑为主。对各种谷物、饼类、蔬菜、牧草、水体中的水生植物、藻类、浮游动物、水生昆虫、小型底栖动物及动物尸体均能摄食，也喜食人工配合饲料，属杂食性种类。

参照李浪平等关于小龙虾食性、生长与掘洞行为的研究，在自然状况下，体长3.0~10.6 cm、体重1.6~80.3 g的小龙虾摄食种类主要是竹叶眼子菜、轮叶黑藻等大型水生植物，出现频率达100%，重量百分比达85.6%；其次是有机碎屑，出现频率达100%，重量百分比为10.0%；同时还有少量的丝状藻类、浮游植物、浮游动物、寡毛类、水生昆虫，以及小龙虾和其他水生动物的残体等。除藻类外，这些种类出现频率大都小于10%，重量百分比仅为5.4%（表1-1、表1-2）。食物种类随小龙虾的体长变化有差异，虽然各种体长的小龙虾全年都以大型水生植物和有机碎屑为主要食物，但中小规格小龙虾摄食藻类、浮游动物、水生昆虫、寡毛类的量高于大规格小龙虾（表1-3）。食物多样性指数随着小龙虾的体长增加而降低，体长3.0~5.0 cm小龙虾的食物多样性指数为1.48~1.56；

表 1-1　小龙虾的食物组成、平均出现频率和重量百分比

食物类群	代表食物	出现个数	平均出现频率 /%	重量百分比 /%
大型水生植物	竹叶眼子菜、轮叶黑藻	180	100.0	85.6
有机碎屑	植物碎屑、无法鉴别的种类	180	100.0	10.0
藻类	丝状藻类、硅藻、小球藻	100	55.6	
浮游动物	枝角类、桡足类	10	5.6	
轮虫	臂尾轮虫、三肢轮虫	2	1.1	5.4
水生昆虫	摇蚊幼虫	18	10.0	
寡毛类	水蚯蚓	5	2.8	
虾类	小龙虾残体	5	2.8	

表 1-2　小龙虾的各种食物在不同季节的出现频率

食物名称	出现频率 /%			
	春季	夏季	秋季	冬季
大型水生植物	100	100	100	100
有机碎屑	100	100	100	100
藻类	71.1	53.3	42.2	55.6
浮游动物	6.7	0	11.1	4.4
轮虫	4.4	0	0	0
水生昆虫	20	8.9	5.6	5.5
寡毛类	0	0	6.7	4.4
虾类	0	8.9	2.2	0

表1-3　不同体长组小龙虾的食物组成及其出现频率

样本数	体长组 /cm	出现频率 /%							
		大型水生植物	有机碎屑	藻类	浮游动物	轮虫	水生昆虫	寡毛类	虾类
15	3.0 ~ 4.0	100	100	86.7	40	13.3	20.0	0	0
26	4.0 ~ 5.0	100	100	53.8	11.5	0	19.2	3.8	0
30	5.0 ~ 6.0	100	100	66.7	3.3	0	10.0	6.7	0
60	6.0 ~ 7.0	100	100	70.0	0	0	3.3	1.7	3.3
25	7.0 ~ 8.0	100	100	40.0	0	0	0	8.0	8.0
12	8.0 ~ 9.0	100	100	50.0	0	0	0	0	8.3
9	9.0 ~ 10.0	100	100	33.0	0	0	0	0	0
3	10.0 ~ 10.6	100	100	66.7	0	0	0	0	0

体长 5.0 ~ 8.0 cm 小龙虾的食物多样性指数为 1.11 ~ 1.15；体长 8.0 ~ 10.6 cm 小龙虾的食物多样性指数为 0.38 ~ 0.80。食物多样性指数具有明显的季节变化，秋季最高（1.49），春夏季次之（1.11 ~ 1.27），冬季最低（0.88）。不同体长个体间的营养位重叠指数存在差异，体长 3.0 ~ 5.0 cm 的小龙虾与体长 8.0 ~ 10.6 cm 的小龙虾营养位重叠指数为 0.39；体长 3.0 ~ 5.0 cm 的小龙虾与体长 5.0 ~ 8.0 cm 的小龙虾营养位重叠指数为 0.61；体长 5.0 ~ 8.0 cm 的小龙虾与体长 8.0 ~ 10.6 cm 的小龙虾营养位重叠指数为 0.73。据对 720 尾小龙虾胃充塞度统计分析，小龙虾摄食种类没有表现出明显的季节变化，但摄食率随季节变化显著。温度是影响其摄食率的一个重要因素，其中春夏季摄食率最高，均达到 100%；秋季略低，摄食率为 93%；冬季最低，摄食率仅为 38%。胃充塞度以春夏两季最高，其 3 级以上的胃分别达到了 83.4% 和 76.6%；秋季次之，3 级以上的

胃占 62.0%；冬季最低，3 级以上的胃仅占 10.0%，空胃率达 62.0%（表 1-4）。综合摄食率和胃充塞度两个指标可以看出小龙虾在温度较高的季节（春夏季）摄食最旺盛，而秋季次之，冬季最弱。

表 1-4   小龙虾胃充塞度的季节变化

季节	各级充塞度的胃所占比例 /%				
	0 级	1 级	2 级	3 级	4 级
春季	0.0	3.3	13.3	31.7	51.7
夏季	0.0	3.3	20.0	48.3	28.3
秋季	7.0	19.0	12.0	32.0	30.0
冬季	62.0	20.0	8.0	7.0	3.0

在人工养殖条件下，小龙虾也摄食人工配合饲料和人工颗粒饲料。其参照配方为：鱼粉 31.5%、豆粕 26.5%、麸皮 6.6%、面粉 5.0%、豆油 3.9%、鱼油 3.9%、糊精 5.0%、纤维素 9.6%、复合维生素 2.0%、复合矿物质 4.0%、黏合剂 2.0%（粗蛋白含量 29.05%，粗脂肪含量 11.74%）；或参照配方为：鱼粉 35.3%、豆粕 29.9%、麸皮 3.4%、面粉 5.0%、豆油 0.7%、鱼油 0.7%、糊精 8.0%、纤维素 9.0%、复合维生素 2.0%、复合矿物质 4.0%、黏合剂 2.0%（粗蛋白含量 31.86%，粗脂肪含量 5.76%）。养殖者也可依据当地易得原料按饲料中粗蛋白含量为 28%~30%、粗脂肪含量为 3%~5% 来进行配比。

七、蜕壳与生长习性

小龙虾与其他甲壳动物一样，必须蜕掉体表的甲壳才能完成其生长。一生要蜕十几次（一般 12 次）壳才能达到性成熟，蜕壳时常伏于浅水处和水草丰盛处。因此养殖水体应有深有浅，池埂坡度应该平缓，有水草。小龙虾的甲壳较厚，蜕壳时需要较多的钙质。

即将蜕壳的个体在头胸甲内有两粒形似小纽扣的胃石，其基本成分为钙质，可为蜕壳后软壳硬化提供钙的来源（图1-4）。小龙虾的蜕壳与水温、营养及个体发育阶段密切相关，水温高，食物充足，发育阶段早，则蜕壳间隔短。每次蜕壳，伴随着个体的增长一次，幼体一般2~5 d蜕壳一次（24~28℃），幼虾5~8 d蜕壳一次，成虾蜕壳周期随之延长至8~20 d，性成熟后每年蜕壳1次。营养不良的小龙虾，一般蜕壳时间增长甚至当年不再蜕壳。营养好的小龙虾长至60 g仍为青壳虾，可继续生长。体长10 cm的个体蜕壳后体长可增加13%左右。

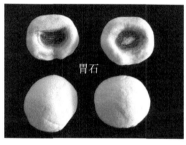

图1-4　蜕壳的小龙虾（左）及其胃石（右）

另外，小龙虾对菊酯类和有机磷类农药非常敏感，生产过程中要避免使用剧毒、高残留农药，以及敏感性鱼药。

八、繁殖与护幼习性

小龙虾为一年繁殖一次的虾类，一般6—9月交配，秋冬季繁殖。因此，放亲虾的时间不能在10月以后，更不能在春季，最好是7—8月放亲虾，9—10月放养抱卵虾或放养虾苗，或翌年3月放虾苗。

1. 性成熟年龄

通过周年采样分析，小龙虾的性成熟年龄为1年左右。雌虾最小体长为6.4 cm，最小体重为10 g；雄虾最小体长为7.1 cm，最小体重为 20 g。

2. 繁殖产卵

繁殖产卵时期为 7—10 月，高峰期为 8—9 月。10 月底以后抱卵虾由于水温逐步降低，一直延续到翌年春季才孵化。实验证明，水温在 5～10℃时，雌虾所抱受精卵需要 3 个月以上才能孵化，这就是在每年春季常见有抱卵虾和抱仔虾现象的原因。小龙虾性成熟与水温、光照、溶解氧、饵料、水中理化因子等因素有关，水质条件好，水中溶解氧充足，则性腺发育较快；在生长适宜温度下，水温越高则发育越快，但长期高温易导致性早熟；在自然状态下，饵料越丰富则性腺发育越好；小龙虾性腺发育需要一定的光照，但光照过强也会影响其性腺发育，因此在进行仿生态人工繁育时，夏季在种虾培育池盖上遮阳网，既可以降低光照强度，也可以降低池水温度，有利于性腺发育（图 1-5）。

3. 群体性比

通过对 1 000 尾以上的 1 龄小龙虾进行分析，雌雄比为 1∶1.071。在繁殖季节（7—10 月），从洞穴中挖掘出的小龙虾雌雄性比例为 1∶1。但从越冬的洞穴中挖掘出的小龙虾雌雄性比例很少有 1∶1 的，而且各个洞穴的雌雄比不一样。

4. 雌雄交配

小龙虾在自然条件下，6—9 月为交配季节，其中以 6—8 月为高峰期。由于小龙虾不是一交配后就产卵，而是交配后，要等相当长一段时间，即 7～30 d 才产卵。在自然状况下，雌雄亲虾交配前就开始掘洞筑穴，雌虾产卵和受精卵孵化过程多数在洞穴中完成。交配时，雄虾的螯足钳住雌虾的螯足，并用步足抱住雌虾，使雌虾翻

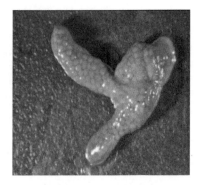

图 1-5 小龙虾的性腺

转、仰卧或侧卧。此时，雄虾
的钙质交接器与雌虾的纳精囊
相连接，雄虾的精荚顺着交接
器进入雌虾的纳精囊中。产卵
时，雌虾向输卵管排卵并随卵
排出较多蛋清状胶质，将卵包
裹，卵经过纳精囊时，胶状物
质促使纳精囊内的精荚释放精
子，使卵受精。最后胶状物质

图1-6　小龙虾的雌雄交配

包裹着受精卵经第3对步足基部的后输卵管到达雌虾的腹部，受精
卵即黏附在雌虾的腹部上，腹足有节奏的摆动以满足受精卵孵化时
所必需的溶解氧供应（图1-6）。

　　小龙虾的交配时间随着种群密度的多少和水温的高低而长短不
一，短的只有数分钟，长的则有一个多小时。在密度比较大时，小
龙虾交配的时间较短，一般为30 min；在密度比较小时，小龙虾交
配的时间相对较长，交配时间最长达72 min。交配的最低水温为
18℃。1尾雄虾可先后与2尾及以上的雌虾进行交配。

　　小龙虾产卵量随着个体长度的增加而增大，全长10.0～11.9 cm
的雌虾平均抱卵量为237粒。采集到的最大产卵个体全长14.26 cm，
产卵397粒，最小产卵个体全长6.4 cm，产卵32粒。在人工养殖情
况下，如果后者小个体多，有可能是积温过高，造成了性早熟。

　　5. 受精卵的孵化和幼体发育

　　雌虾刚产出的卵为暗褐色，卵径约1.6 mm。当水温7～8℃时，
受精卵的孵化约需要150 d；当水温15℃时，受精卵的孵化约需要
46 d；当水温22℃时，受精卵的孵化约需19 d；当水温24～26℃
时，受精卵的孵化需要14～15 d破膜成为幼体。如果水温过低，受
精卵的孵化可能需要数月之久（图1-7）。这就是在翌年3—5月仍
可见抱卵虾的原因。

　　刚孵化出的幼体5～6 mm，靠卵黄营养，蜕壳后发育成Ⅱ期幼

图 1-7   小龙虾的幼体发育（唐建清等，2006）
A、B. 刚交配的亲虾；C. 抱卵虾；D. 小龙虾Ⅰ期幼体；E. 小龙虾Ⅱ期幼体；
F. 小龙虾Ⅲ期幼体；G、H. 小龙虾Ⅳ期幼体

体。小龙虾Ⅱ期幼体 6～7 mm，附肢发育较好，额角弯曲在两眼间，其形状与成虾相似。Ⅲ期幼体附着在母体腹部，能摄食母体呼吸水流带来的浮游生物，当离开母体后可以运动，但仅能微弱行走，也仅能短距离的洄游母体腹部。Ⅳ期幼体眼柄发育已基本成型，可以捕食比它小的Ⅰ期、Ⅱ期幼体。

第二章
稻虾综合种养田间工程

第一节　基地选择

一、选择原则

养殖小龙虾的稻田应选择生态环境良好，远离污染源；底质自然结构保水性好，以壤土为宜；不受洪水淹没，集中连片且比较平整（如果不平整需要进行整体平整）；土壤符合国家标准《农产品安全质量　无公害水产品产地环境要求》（GB/T 18407.4—2001）。

养殖小龙虾稻田的水源应选择水源充足，排灌方便，水质应符合国家标准《渔业水质标准》（GB 11607—1989）或《无公害食品　淡水养殖用水水质》（NY 5051—2001）的要求。

二、建设要求

无环沟稻田综合种养应选择地势平坦的稻田，面积以 0.33 ~ 3.33 hm² 为一个养殖单元。养殖单元形状以东西向的长方形为宜，依据地形设定形状也可。同时，还应配套建设养殖面积为 10% ~ 20% 的养虾池，用于养殖所需要的虾苗。

滨湖地区、平原地区和丘陵盆地由于稻田相对比较集中，连片面积较大，可依托就近水源选择集中连片且高程基本一致的单季稻田作为小龙虾的养殖田，一般以 2.0 ~ 6.7 hm² 为一个养殖单元；丘陵山区由于集中连片的稻田较少，可选择水源充足的冷浸田开展小龙虾综合种养，面积以 0.33 hm² 以上为宜。

第二节　田间工程建设

稻虾综合种养的田间工程建设，特别是开展小龙虾繁育的稻虾综合种养的田间工程必须重视，马虎不得。小龙虾生活习性不同于鱼类，它在夏季、冬季和繁殖季节都要挖洞掘穴，怕高温和低温，同时需要水草作为隐蔽物供其蜕壳，所以在稻虾田间工程建设时需要兼顾深浅搭配，水草和缓坡共存。

一、养殖沟渠建设

稻虾田间工程建设要坚持"深沟、浅台、缓坡——养大虾、养好虾"的原则。开挖深沟有利于夏季更好地培育翌年育种用的种虾，抬高田埂是为了更好地养殖大规格的青壳虾，同时可适当地延长上市时间。水体有深有浅是便于水体不同时间上下循环流通，满足小龙虾的栖息、蜕壳和生长的需求。单元田埂要预留 1 m 的平台，供虾摄食和打洞用。稻虾综合种养技术主要有有环沟和无环沟两种模式。有环沟的稻虾综合种养模式的开沟工程建设，包括养殖单元四周的环沟和中间的田间沟建设；无环沟的综合种养模式则不需要开挖环沟。

1. 环沟建设

沿种养稻田单元外围田埂，在离外围田埂内缘 1.0 ~ 1.5 m 处向稻田内开挖 3 ~ 4 m 宽的环沟，沟深 1.2 ~ 1.5 m，坡比 1 :（1.2 ~ 1.5）。

2. 田间沟建设

稻虾综合种养的稻田面积达到 3.3 hm² 以上时，要在田中间开挖"一"字形或"十"字形田间沟，沟宽 0.6 ~ 0.8 m，沟深 0.2 ~ 0.3 m（图 2–1、图 2–2 和图 2–3）。

根据中华人民共和国水产行业标准《稻渔综合种养技术规范第 1 部分：通则》（SC/T 1135.1—2017）的要求，稻虾综合种养的稻田开挖环沟和田间沟面积不能超过稻田面积的 10%，水稻单产不能低于 7 500 kg/hm²。

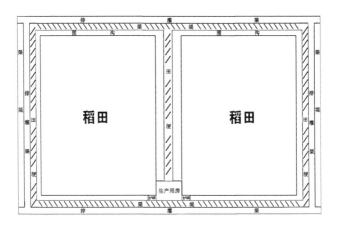

图 2-1 稻虾综合种养工程平面图

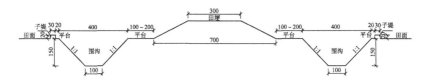

图 2-2 稻虾综合种养工程剖面图（单位：cm）

图 2-3 稻虾综合种养工程效果图

二、养殖单元外围田埂建设

利用开挖环沟的泥土加固、加高、加宽养殖单元外围田埂，田埂面宽不小于 2 m，高度高于田面 1.1 m 以上，坡比 1.0∶1.5。建设无环沟的稻虾综合种养基地，可在田内就近取土，将四周田埂加高至 0.6~0.8 m、田埂面宽加至 1 m。因取土造成的小坑可在整田时整平。

三、田内挡水埝建设

田内挡水埝高 0.4 m，宽 0.3 m。无环沟综合种养模式不需要建设田内挡水埝。

四、进排水设施建设

进排水口分别位于稻田两端，并呈对角线设置。进水口建在稻田一端的田埂上，用直径 110 mm PVC 管埋于田埂表面 10 cm 以下，并在其终端安装 80 目的长型过滤网袋。排水口设于稻田另一端环沟的最低处，排水管可用直径 160 mm 或 200 mm 的波纹管埋于环沟的最底部，并穿过外围田埂接入总排水渠。排水方式可制成拔插式的，其另一端应安装 20 目的防逃网罩（图 2-4）。

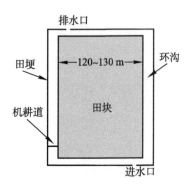

图 2-4 进排水设施建设工程图（左）和防逃网罩（右）

五、防逃设施建设

每一养殖单元应在其外围田埂上建设防逃围栏，防逃围栏可依据生产实际设在田埂的内缘或外缘。防逃围栏可用水泥瓦、防逃塑料膜、地砖、玻璃钢片等材料制作，防逃围栏要埋入土中20～30 cm，上沿高出田埂50～60 cm。用水泥瓦或防逃塑料膜等材料制作的防逃围栏，要每隔1.5～2.0 m在防逃围栏的外面用木桩或竹竿支撑，采用打桩法进行固定，以防止被风损坏。

六、水草移植

1. 水草品种选择

环沟底部以种植轮叶黑藻为主，环沟水面以移植水花生为主，田面底部以种植伊乐藻为主。

2. 水草覆盖率

沉水性水草覆盖率为40%～50%，浮游性水草覆盖率为15%～20%。

3. 水草移植方法

冬季（11月以后）和翌年初春（3月之前），伊乐藻适宜在气温5℃以上移植，具体栽种方法如下：将购买来的伊乐藻用NaCl溶液淋浴消毒后，截成两段，像插秧一样，每50株以上为一束，插入土中3～5 cm，株行距分别为5～6 m和10～12 m，每公顷移植量不超过450 kg。轮叶黑藻的种植方法同伊乐藻，其移植时间是每年的3—5月和9—10月，用量为450 kg/hm²。水花生的移植时间是6—7月，移植到环沟的水面上，覆盖环沟面积的15%～20%。

七、清野消毒

开展稻虾综合种养的稻田可以从三方面防止野杂鱼类进入。一是施工前一定要放干田水晒田，之后再施工；二是施工完成后，在环沟内注入10～20 cm的水，然后每公顷用生石灰1 125 kg化水全池泼洒，所有的野杂鱼类均会被杀死；三是待消毒水体毒性消失后，再加注新水，并用一个 80 目网袋（网袋长度一般 4～5 m）套到抽水机终端出水口进行过滤。

八、早繁设施建设

开展小龙虾繁养殖一体化的综合种养稻田，除按照稻虾综合种养的田间工程建设外，还必须将环沟挖深至 1.5 m，田埂加高至 1 m 以上，这样有利于预防种虾性早熟，也利于夏季种虾能在环沟中正常发育。有条件的养殖户，夏季可在环沟上设遮阳网或使用地下水降低田中水温，以促进种虾发育和交配；冬季可在环沟上搭建塑料大棚，利用日光塑料大棚的保温效应提高水温，促进小龙虾产卵、孵化和幼虾摄食、生长。

第三章

小龙虾苗种繁育

第一节　人　工　繁　殖

一、雌雄鉴别

小龙虾为雌雄异体，雌雄个体外部特征十分明显，容易区别。其鉴别方法如下。

（1）雄虾第一、第二腹足演变成白色、钙质的管状交接器；雌虾第一腹足退化，第二腹足羽状。

（2）雄虾的生殖孔开口在第 5 对胸足的基部；雌虾的生殖孔开口在第 3 对胸足的基部。

（3）体长相近的成虾，雄虾螯足粗大，腕节和掌节上的棘突长而明显；雌虾螯足相对较小。

综上所述，雄虾腹面具管状交接器，雌虾无；雄虾螯足粗大，雌虾螯足相对细短。

小龙虾的性别还可用体长与螯长之比的关系来加以鉴别。研究表明，一般情况下，雄虾的体长与螯长比大于1，而雌虾的通常小于1。

二、性腺发育

（一）卵巢成熟系数的年变化

小龙虾的成熟系数（GSI）按照卵巢重同体重（湿重）比乘以100% 来表示：GSI=（卵巢重 / 体重）×100%。用每月采集虾的成熟系数平均值作为该月的群体性成熟系数。小龙虾群体的成熟系数在繁殖季节逐渐增大（7—9月），到9月达到最大，而产完卵后又迅速下降；而在非繁殖季节则处于低水平（图3-1）。

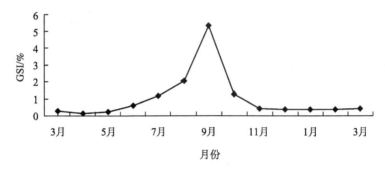

图 3-1　小龙虾卵巢成熟系数（GSI）的年发育变化

（二）卵巢的分期及产卵方式

1. 卵巢的分期

赵维信等（1999）按照小龙虾卵巢的颜色和大小，将其分为7期：未发育期、发生早期、卵黄发生前期、卵黄发生期、成熟期、产卵后期和恢复期，对应下文的 Ⅰ～Ⅶ 期。作者根据对小龙虾卵巢生长发育的观察，按照卵细胞的大小、饱满程度和滤泡细胞的形状，大致将卵巢也分为7期。

（1）Ⅰ期　卵巢体积小，呈细线状；卵粒较少，呈乳白色，间隔较稀疏，卵巢被膜较厚，肉眼分辨明显。卵母细胞的长径为 $26.5 \sim 30.6 \ \mu m$，短径为 $14.3 \sim 22.4 \ \mu m$；核一般为椭圆形，长径为 $5.8 \sim 7.6 \ \mu m$，短径为 $3.2 \sim 5.3 \ \mu m$，核离远端距离为 $14.3 \sim 16.5 \ \mu m$，离近端距离为 $7.1 \sim 8.2 \ \mu m$。此时卵巢中以卵原细胞为主，细胞为椭圆形，细胞核偏向一边，有数个到十几个核仁，核仁分布于细胞核的周边，无卵黄颗粒，滤泡细胞紧贴细胞壁。

（2）Ⅱ期　卵巢呈细条状，浅黄色至黄色；卵粒间隔紧密，卵膜薄，肉眼可辨，这是处于初级卵母细胞小生长期的细胞。细胞呈椭圆形，卵黄颗粒在100倍显微镜下可见，但卵黄颗粒很小，规格较一致。卵母细胞的长径为 347 ~ 510 μm，短径为 245 ~ 327 μm，核一般为椭圆形，长径为 61 ~ 82 μm，短径为 47 ~ 51 μm，核离远端距离为 220 ~ 224 μm，离近端距离为 184 ~ 204 μm；细胞核位于卵母细胞中央；核仁的数量为数个到十几个，主要分布在核四周，靠近细胞核中心也有少量；滤泡细胞分布在细胞的外周，镶嵌在管状的膜层中。

（3）Ⅲ期 卵巢呈细棒状，黄色到深黄色；卵粒间隔紧密，卵膜薄，肉眼不容易辨别。这是处于初级卵母细胞大生长期的细胞，细胞间接触较紧密，呈多角圆形。卵黄颗粒较Ⅱ期的大，在 40 倍显微镜下可以看到卵黄颗粒开始有大小分化，但小颗粒占大多数，卵母细胞的长径为 469 ~ 653 μm，短径为 388 ~ 449 μm，细胞核的位置大多都不在细胞中心，而是偏向一边，核一般为近圆形，直径为 98 μm，核离远端距离为 245 ~ 366 μm，离近端距离为 204 ~ 289 μm。核仁是沿细胞核四周分布，数量只有数个；滤泡细胞仍处于卵母细胞的最外层管状夹层中，有的呈细条状，有的呈瓜子状，一个卵母细胞周围的滤泡细胞通常有数十个之多。

（4）Ⅳ期 卵巢呈棒状，深黄色到褐色，比较饱满，卵膜肉眼不可辨。这是处于初级卵母细胞大生长期的细胞，此时期的卵母细胞开始向成熟期的卵母细胞过渡，细胞多呈椭圆形。在 10 倍显微镜下卵黄颗粒较明显，在 40 倍显微镜下可以看到有大小很明显的两种卵粒，大卵粒相对小卵粒较少。卵母细胞的长径为 0.55 ~ 1.38 mm，短径为 0.45 ~ 1.14 mm，核一般为椭圆形或近圆形，长径为 61 ~ 96 μm，短径为 61 ~ 73 μm，核离远端距离为 224 ~ 469 μm，离近端距离为 173 ~ 204 μm；细胞核位于细胞的中心稍偏向一端；核仁的数量为 1 ~ 5 个。

（5）Ⅴ期 卵巢呈棒状，黑色，很饱满，占据整个胸腔，肉眼不辨卵膜。这是处于卵母细胞成熟期的细胞，细胞呈圆形且饱满，卵黄颗粒充满了整个细胞，此时的卵黄颗粒也是最大的。卵母细胞的长径为 1.15 ~ 1.8 mm，短径为 0.6 ~ 1.1 mm，此时不见有核仁，滤泡细胞为空细胞，同时体积也变小。

（6）Ⅵ期　此时为种虾刚产完卵，卵巢内全空。

（7）Ⅶ期　此时为产后发育期，产后不久，虾的卵巢全空，30 d后，从外表看来，此时的虾已有卵巢的轮廓了，卵膜较厚、透明，卵膜内有较稀少的白色小卵粒或无。在显微镜下，卵粒的长径为30.6～38.8 μm，短径为20.4～28.6 μm；核一般为椭圆形，长径为6.1～8.2 μm，短径为6.1～7.1 μm，核离远端距离为12.9～18.4 μm，离近端距离为10.2～12.9 μm；另外，卵膜中间有一颗至数颗红色颗粒，大小不同，颗粒在9月到翌年3月都能在虾的卵巢中看到，只是大小和出现的频率不同。从取样的结果来看，9—10月出现的频率较少，11月至翌年3月出现的频率较高。

2. 卵巢的产卵方式

从卵巢的分期可以看出，小龙虾的卵母细胞在各期的发育中大部分是一致的，虽然在各期中有少量其他时期的细胞。通过对产卵后的小龙虾解剖发现，除了个别虾有几颗产后余下的红色卵粒外，卵巢中几乎是空的。这就证明了小龙虾是一次性产卵的。另外，通过一年中每月对小龙虾的采集发现，该虾的产卵季节为7—10月，产卵高峰期主要集中在9月。

3. 卵巢的年发育变化

通过年解剖雌性小龙虾发现，在3—5月，雌虾的卵巢发育大多处于Ⅰ期，但也有极少数虾的卵巢发育是处于Ⅱ～Ⅲ期的；在6月，雌虾的卵巢发育大多处于Ⅱ期，少数处于Ⅰ期和Ⅲ期；7月是雌虾卵巢发育的一个转折点，此时大部分雌虾的卵巢发育都在Ⅲ期，也有部分虾处于Ⅱ期和Ⅳ期，少数处于Ⅰ期和Ⅴ期；到了8月，大部分雌虾卵巢发育都处于Ⅲ～Ⅳ期，部分虾处于Ⅱ期和Ⅴ期，少数处于Ⅰ期；进入9月，绝大部分雌虾的卵巢都处于Ⅴ期；到了10月，雌虾的卵巢发育变化就较大了，大部分虾是处于Ⅴ期，此时有部分虾卵巢内的卵已全部产出，另外有部分虾产完卵后，卵巢发育又重新返回到Ⅰ期；11月至翌年2月，大部分虾的卵巢发育处于Ⅰ期。

（三）精巢的发育

1. 精巢的大小和颜色

精巢的大小和颜色随着繁殖季节而不同，未成熟的精巢为白色细条形，成熟的精巢为淡黄色的纺锤形，后者体积较前者大数倍到数十倍不等。

2. 精巢的分期

有关小龙虾精巢发育方面的研究未见报道，参照其他虾类的分期方法，并结合小龙虾自身的特点，将小龙虾的精巢发育分为5期。

（1）Ⅰ期　精巢体积小，为细条形，白色，在前端为一小球形，此时精巢内的生殖细胞均为精原细胞，精原细胞为圆形或卵圆形，直径约为18 μm，核直径为13 μm；在精原细胞外围排列着一圈整齐的间介细胞，间介细胞为椭圆形，能分泌雄激素。此期的精原细胞数量较少，不规则地分散在结缔组织中间，尚未形成精小管，有较多的营养细胞。

（2）Ⅱ期　精巢体积逐渐增大，为前粗后细的细棒状，大部分仍为白色。精小管中同时存在不同发育时期的生殖细胞，但精原细胞和初级精母细胞占绝大部分，也有部分次级精母细胞。此期的初级精母细胞略小于精原细胞，平均直径为10～12 μm，核直径为9～10 μm，核染色较深，有很明显的膜，但没有明显的核仁。次级精母细胞的直径与初级精母细胞相近，平均直径为9.0～10.5 μm，但细胞质较少，细胞核的嗜碱性较初级精母细胞强，所以染色也较初级精母细胞深。

（3）Ⅲ期　精巢体积较大，为圆棒状，淡黄色。此时精巢内的间介细胞较前两期的要小。精小管内主要存在次级精母细胞和精细胞，有的还存在部分精子。精细胞的直径更小，只有5 μm，细胞质较少，只含有强嗜碱性的核。精子的细胞膜较明显，但没有核仁。

（4）Ⅳ期　精巢体积最大，为圆棒形或圆锥形，颜色由淡黄色变成灰黄色。精小管中充满大量的成熟精子，在光学显微镜下观察，精子为小圆颗粒形，同时仍存在其他时期的生殖细胞，许多初级精母细胞和次级精母细胞处于成熟分裂状态。间介细胞进一步变小，未见到营养细胞。

（5）Ⅴ期　精巢体积明显较Ⅳ期的小，为自然退化或排过精的精巢，精小管内只剩下精原细胞和少量的初级精母细胞，有的精巢内还有少量精子，间介细胞消失。

3. 精巢的年发育变化

精巢的发育有明显的季节性变化（图3-2）。小龙虾精巢发育年变化规律如下：12月至翌年2月，精巢的体积较小，白色，形状为细条形，输精管也十分细小，管内以精原细胞为主。3—6月，精巢体积逐渐增大，大部分为白色，形状为前粗后细的细棒状，输精管内以次级精母细胞为主，有的管内形成了精子。7—8月，少数精巢的颜色变为成熟精巢所特有的淡黄色，此时有一小部分种虾开始抱对；8—9月，精巢的体积最大，颜色变成淡黄色或灰黄色，而形状则变成非常饱满的圆锥形，输精管变得粗大，而且充满了大量的成熟精子，此时大量的种虾开始抱对、交配。

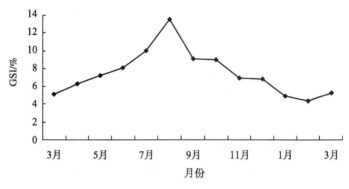

图3-2　小龙虾精巢成熟系数（GSI）的年发育变化

从图3-2中可以看出，3—8月小龙虾精巢成熟系数曲线总的来说是处于逐渐上升的趋势。3—6月曲线上升较缓，此时水温在逐渐上升，精巢发育也较慢；而 7 月时，水温持续而稳定地保持高温，加之食物提供的营养充分，精巢发育十分迅速；到 8 月的繁殖高峰时期，精巢的发育也达到最大化；随着繁殖高峰的过去，精巢萎缩较快。繁殖高峰过后，随着精巢内精子的不断排出或吸收，精巢的成熟系数曲线下降趋势十分明显。等到繁殖季节完全过去，即到了 10 月后，精巢的成熟系数下降的趋势就逐渐趋于平缓；到了 2 月，精巢的成熟系数达到最低。从 11 月开始，由于水温的下降和食物的逐渐缺乏，精巢发育基本处于停止期，直到翌年 3 月后水温升高和食物的逐渐增多，精巢才开始继续发育。

（四）小龙虾的胚胎发育和幼体发育

1. 小龙虾的胚胎发育

9 月产出的黏附在小龙虾母体上的受精卵在自然条件下的孵化时间为 17～20 d，孵化所需要的日有效积温为 453～516℃。在此期间，最低水温为 19℃，最高水温为 30℃，平均水温为 25.8℃。而在 10 月底以后产出的受精卵，在自然水温条件下，孵化所需要的时间为 90～100 d，在此期间最低水温为 4℃，最高水温为 10℃，平均水温 5.2℃。日本学者实验得出：水温在 7℃时，小龙虾受精卵的孵化约需 150 d；水温在 15℃时，孵化约需 46 d；水温在 22℃时，孵化约需 19 d。

小龙虾的胚胎发育过程总共分为 12 期：受精期、卵裂期、囊胚期、原肠前期、半圆形内胚层沟期、圆形内胚层沟期、原肠后期、无节幼体前期、无节幼体后期、前蚤状幼体期、蚤状幼体期和后蚤状幼体期。

小龙虾受精卵的颜色随胚胎发育的进程而变化，从刚受精时的棕色，到发育过程中棕色夹杂着黄色或黄色夹杂着黑色，最后完全变成黑色，孵化时转变为一部分为黑色，一部分为透明。

2. 小龙虾的幼体发育

刚孵化出的小龙虾幼体就已经具备了成体的形态，体节不再增加。

（1）Ⅰ期幼体   全长约 5 mm，体重为 0.005 g。幼体头胸甲占整个身体的近 1/2，复眼 1 对，无眼柄，不能转动；胸肢透明，与成体一样均为 5 对，腹肢 4 对，较成体少 1 对；尾部具有成体形态。Ⅰ期幼体经过 4 d 发育开始蜕壳，整个蜕壳时间约 10 h。

（2）Ⅱ期幼体   全长约 7 mm，体重为 0.006 g。经过第一次蜕壳和发育后，Ⅱ期幼体可以爬行。头胸甲由透明转为青绿色，可以看见卵黄囊呈"U"字形，复眼开始长出部分眼柄，具有摄食能力。Ⅱ期幼体经过 5 d 开始蜕壳，整个蜕壳时间约 1 h。

（3）Ⅲ期幼体   全长约 10 mm，体重为 0.014 g。头胸甲的形态已经成型，眼柄继续发育，且内外侧不对等，第一胸足（即螯钳）能自由张合，进行捕食和抵御小型生物。仍可见消化肠道，腹肢可以在水中自由摆动。Ⅲ期幼体经过 4~5 d 开始蜕壳，整个蜕壳时间约数分钟。

（4）Ⅳ期幼体   全长约 11.5 mm，体重为 0.019 g。眼柄发育已基本成型。第一胸足变得粗大，看不到消化肠道。Ⅳ期幼体已经可以捕食比它小的Ⅰ期、Ⅱ期幼体，此时的幼体开始进入幼虾发育阶段。

在平均水温 25℃时，小龙虾幼体发育阶段约需 14 d。

三、亲虾选择

稻虾综合种养的亲虾挑选时间一般从 6 月开始，至 8 月底前完成，来源应直接从养殖小龙虾的塘口或天然水域捕捞，亲虾离水的时间应尽可能短，一般不要超过 2 h，在室内或潮湿的环境，时间可适当长一些。

7 月投放亲虾，9 月初可出虾苗，虾苗在越冬前可生长约 70 d；8 月投放亲虾，9 月底至 10 月初可出虾苗，虾苗在越冬前可生长约 40 d；9 月投放亲虾，要到 11 月中旬出虾苗，这样虾苗在越冬前只能生长 10 d 左右，在洞中越冬，待翌年春季才开始生长；10 月投放的亲虾，一般 40%~50% 都已产卵；11 月投放的亲虾，一般

70%~80%都已产卵。因此，10月和11月投放抱卵虾比较稳妥。

亲虾选择标准如下：一是身体颜色青红或暗红或深红、有光泽、体表光滑无附着物；二是个体大，雄性个体重要在40 g以上，雌性个体重35 g以上，且为当年的虾；三是雌雄亲虾都要求附肢齐全、体格健壮、活动能力强。

四、亲虾田消毒

亲虾放养前10~15 d，每公顷环沟和田间沟用生石灰450~750 kg化水全沟均匀泼洒，种植水稻的田块每公顷用300 kg。若环沟有较多的野杂鱼，可改为茶粕清塘，用量为225~300 kg/hm²。使用方法是先将茶粕用水浸泡，同时每100 kg茶粕分别添加2 kg NaCl和0.10 kg Na_2CO_3，2 d后取浸出液加水稀释后全池泼洒。茶粕对野杂鱼和底栖生物的毒性较大，但对虾苗较安全，如使用不当的话，对底栖生物有杀伤作用。

五、亲虾放养

每年7—8月，按照雌雄比为3:1的要求，选择规格为雌虾35 g/尾以上、雄虾40 g/尾以上的种虾。种虾要求体质健壮，性腺成熟，体色纯正，附肢齐全，无伤病。向事先预留的环沟中投放经挑选的亲虾，让其自行繁殖。一般每公顷放养规格为20~40尾/kg的小龙虾300~600 kg，待发现有幼虾活动时，可用大规格网目的地笼捕捞亲虾（一般在翌年3月）。种虾最好来自天然水体中的野生虾，也可以从养殖池中挑选优质虾作为种虾或亲虾。

种虾或亲虾的放养最好采取"原田挑选，异田繁育"，做到种虾或亲虾数量清楚，亲虾培育田块消毒干净，虾苗数量易控制且规格大小好把握。同时要有详细的记录，对种虾或亲虾放养数量、重量、规格、成活率以及成虾起捕数量、重量、规格等都必须有详细的记录，确保根据稻田中存有的种虾数量预计虾苗产量，合理推算种虾或亲虾放养量。

六、亲虾培育技术要点

1. 做好种虾或亲虾放养运输和放养前的处理工作

（1）运输要求　小龙虾的种虾或亲虾运输通常采用干法运输，运输工具为规格 70 cm × 40 cm × 15 cm 的塑料筐。将塑料筐底部铺好水草，喷淋水后再将挑选好的种虾或亲虾装入塑料筐内，每筐装重不超过 4 kg，上面再铺上一层水草并再喷淋水，以保持种虾或亲虾不脱水、不受挤压。装好的种虾或亲虾可放入恒温恒湿的冷藏车中进行运输，也可用常规的货车运输，但要避免太阳直晒并在运输过程中每半小时淋水一次，以防脱水。运输时间应最好不要超过 2 h，运输时间越短越好。运输虾苗（幼虾）也是采用此法。

（2）放养前适应和消毒要求　经过长途运输的种虾或亲虾在放养时要进行缓水处理，应将种虾或亲虾运输筐放入田边，取稻田水间断性地喷淋，每次喷淋 1~2 min，如此反复 2~3 次，以降低应激反应。然后用 40 g/L NaCl 溶液浸泡 5~8 min 再进行放养。放养时，要全田多点散开让其自行爬入田中，死虾和活动能力较差的虾回收处理。

2. 依据预期虾苗产量合理推算种虾或亲虾的放养密度

种虾或亲虾放养密度应依据预期虾苗产量来推算，一般专池开展繁育小龙虾的池塘放养密度要大一些，成虾养殖兼顾繁育苗种的放养密度可低一些，稻虾养殖池密度应更低。

多组研究数据表明：平均个体重 25 g 左右的小龙虾平均抱卵量为 237 粒，养殖条件下雌虾的平均抱卵率为 90%，仿生态育苗成活率为 50% 左右，依据这些数据可以推算每尾雌虾能育成幼虾 100 尾左右。

如果预期每公顷繁育规格为 300~400 尾/kg 的幼虾 3 000 kg，预测种虾或亲虾成活率 80%，则每公顷需要放养 35 g 左右重的雌虾 13 125 尾（3 000 kg/hm² × 350 尾/kg ÷ 100 尾/尾 ÷ 80% = 13 125 尾/hm²），折合重量 459.38 kg/hm²（13 125 尾/hm² × 0.035 kg/尾 =

459.375 kg/hm²）。按照雌雄比例 3：1 计算，则每公顷需要放养个体重 40 g 的雄虾 4 375 尾，折合重量 175 kg/hm²（4 375 尾/hm² × 0.040 kg/尾 = 175 kg/hm²）。种虾或亲虾雌雄合计重量为 634.38 kg/hm²。基于此计算，以便来预测虾苗的单产量（数量），切实安排好生产。

需要说明的是：当预期单产量 3 000 kg/hm² 不变的情况下，种虾或亲虾成活率为 85% 时，种虾或亲虾放养量为 597.08 kg/hm²，比 80% 的成活率减少了 37.30 kg/hm²；当种虾或亲虾成活率为 70% 时，则种虾或亲虾放养量为 725 kg/hm²；当种虾或亲虾成活率为 60% 时，则种虾或亲虾放养量为 845.86 kg/hm²。根据以上推断，专池开展小龙虾繁育的仿生态池塘的种虾或亲虾放养数量一般为 900 kg/hm² 左右；而成虾养殖兼顾繁育苗种的仿生态养殖则放养密度可控制在 1 050 kg/hm² 以内；稻田繁育的放养密度可控制在 300~600 kg/hm²。

3. 必须注重水位控制和水质管理

（1）控制好水位，为培养水中饵料生物创造适应性温度　小龙虾整个繁殖过程都必须依托水草，同时又必须依据气温和水温来合理控制繁育池水位。繁育池池水应遵循"春浅夏满、先肥后瘦"的原则进行，水草种植前期（11—12 月）的池水水位为 20~30 cm；冬季水草长活后可蓄水至 0.8~1.0 m 为宜，冬季气温越低，水位控制应越高；春季水位可以降低，以保证天然饵料生物能正常生长，一般水位控制在 40~80 cm，春末时可把水位按高限控制；夏季水位应控制为 1.0~1.2 m。

稻田繁育小龙虾后，一定要重视水稻插秧后环沟中剩余种虾的夏季、秋季和冬季管理，此时环沟的水蓄得越深越好，并要移植一定量水花生到环沟，以降低环沟水温，促进种虾成熟，为种虾产卵量提高提供良好场所。

（2）强化水质管理，促进种虾抱更多的优质卵　小龙虾繁育池水质管理总体要求：水体无污染，溶解氧含量始终不低于 5 mg/L，pH 维持在 7.2~8.5，水体透明度在 35 cm 以上，水肥活爽，水色为淡绿色，氨氮含量小于 0.5 mg/L，亚硝酸盐含量小于 0.05 mg/L。具体方法如下。

① 每年的 10 月前，7～10 d 换水一次，每次 20～30 cm，11 月后可根据繁育池水进行注换新水。

② 当幼虾出现后要适时增施基肥，每公顷可施放腐熟（发酵）的鸡粪 750 kg 和氨基酸肥，确保肥水越冬。越冬后应加满池水，保持池塘水位相对稳定。稻田育苗可利用稻秆还田增加绿肥（同时也可解决秸秆焚烧的问题），方法是：中晚稻收割时，将禾兜留高至 40 cm 左右，收割的秸秆分成若干小堆，并做到相对均匀地堆放在稻虾田中，蓄水后让其慢慢地腐烂（中稻稻秆需要上水 5～8 d 后，把水放掉重新上水，以降解稻秆腐烂有害物质），预留的禾兜让其慢慢腐烂。11 月移植伊乐藻时可采取点栽式翻耕栽种。

③ 春末、夏季、秋初等季节，应每隔 15～20 d 泼洒一次生石灰水（用量为 150 kg/hm²）或泼洒一次微生物制剂进行水质调节，微生物制剂具体用量按照商品的说明书使用。

还可以采取以下方法调节水质。一是经常中午开启增氧机，使水体上下混合，水体上部高浓度的溶解氧交换到水体中下层，提高水中溶解氧含量，减少池底的氧债，降解氨氮。二是使用氨离子螯合剂、活性炭、吸附剂、腐殖酸聚合物等复配成的水质吸附剂（如黑土精），通过离子交换作用，吸附或降解氨氮。三是使用芽孢杆菌、光合细菌、硝化细菌、放线菌等微生物制剂，如富水美、红菌宝、乳酸菌，通过微生物分解有机质，降低氨氮和亚硝酸盐。四是培植新鲜藻类，促进藻类对氨氮等有毒物质的吸收和利用。如增加个体小的藻类，使其形成优势藻类。五是定期使用过硫酸氢钾改良底质，分解池塘中的有机质，提高池塘整体溶解氧含量。六是当亚硝酸盐超标时应解毒和改良底质同时进行，再补充菌种。

（3）控制青苔，提高虾苗的成活率。

① 青苔结构　青苔是丝状绿藻的总称，主要包括水绵、刚毛藻、转板藻等丝状藻类。青苔在生长早期如毛发一样附着在池底，颜色多呈深绿色或青绿色；青苔衰老时则会变成棉絮状，漂浮在水

面上，颜色多呈黄绿色或黄棕色，手感滑腻。

②产生原因　一是水清、水浅的池塘光照好，易长青苔；二是氮肥多缺钙的池塘易长青苔；三是螺蛳过多导致水质清瘦的池塘易长青苔；四是投放螺蛳、栽种水草时带入青苔孢子。

③控制方法　保持池水有一定肥度，透明度最好保持在30～40 cm。越冬前一定要进行肥水，且要在冬季加深水位以保住水的肥力，一定的水体肥度有助于控制水体的透光度，可以有效避免青苔滋生，春季水温回升后则不易长出青苔。每公顷用生石灰225 kg泼洒到青苔上，变黄后组织人力铲除。之后适当施肥，促使水体中浮游生物繁殖，抑制青苔的生长。或者每平方米水沟用75 g草木灰撒盖在青苔上，使其因受不到阳光照射而死亡。

（4）及时肥水，增加水中的饵料生物　秋冬季及初春期间是小龙虾繁殖季节，繁育水体中幼虾和亲虾共存，特别是10—11月，部分幼虾已经繁育出来，如果缺少饵料，幼虾成活率就会低下，影响产量和效益。因此，必须提前培肥水体，增加幼虾适口饵料。9月以后，随着水温的下降和水体中幼虾的大量增加，宜每半个月施一次腐熟的有机肥，每次每公顷750～1 500 kg（稻田按环沟面积计算）或使用商品肥（复合肥、氨基酸肥）等，以维持透明度25～30 cm为标准。11月底，一定要施足肥进行越冬。

4. 饲料投喂必须加强

种虾或亲虾放养后及时投喂饲料，饲料以小龙虾配合饲料为主，7—9月是种虾或亲虾生长旺季，同时也是其交配与繁殖高峰期，必须强化饲料的投喂工作。只要之前的稻虾田间工程按标准建设到位，且水草种植与管护到位，尽管此时的温度高，繁育水体的温度还是能适应小龙虾的生长和性腺发育。因此，此时要强化饲料的投喂，只要天气正常且水温不超过33℃，配合饲料的日投量为虾体重的3%～5%，9月随着气候的变化和水温的降低，可适当投喂新鲜杂鱼，增加种虾或亲虾的动物蛋白质，促进繁育。亲虾的饲料要求蛋白质含量大于32%，且诱食性要好，在水中的稳定性强。

饲料投喂次数为日投喂两次，必要时晚上加投一次，分别是：5—6时、18—19时和23—24时，以下午投喂为主，投喂量占日投喂量的60%。饲料应在岸边浅水处。

5. 日常管理不能放松

（1）要防止野杂鱼入池，如发现应及时杀灭。

（2）亲虾放养后要防治鸟害，冬季要防治鼠害。

（3）每天坚持早晚巡塘，观察繁育池水质、亲虾的摄食与活动情况、幼虾的数量与规格，检查水草的生长、防逃设施等。当发现亲虾大量爬上水草表层时，表明水体溶解氧含量已严重不足，应及时遍撒增氧粉或大量换水，以防发生意外。

（4）做好水草养护。早春要浅水、施肥、早投饲，促进水草生长，夏季水草旺盛时要定期刈割，避免水草老化死亡，引起水质变化。

（5）定期或及时开启增氧机，促进水体流动，增加水中溶解氧。

（6）每三天监测一次水体中浮游植物和浮游动物的数量，及其优势种类的组成，以便确定合理的施肥量。

（7）专人负责，做好每天塘口记录，尤其做好饵料投喂记录，中浅滩和虾穴附近多点散投饵料。

第二节　苗　种　培　育

小龙虾苗种培育方式较多，最为常见的方式有池塘、稻田和大棚育苗方式。

一、育苗池选择与建设

1. 池塘

育苗用的池塘面积可大可小，通常以不超过0.67 hm² 为宜。当池塘面积超过0.67 hm² 时，可考虑在池中构筑数条宽40～100 cm，高30～70 cm 的小池埂供亲虾苗栖息，以提高育苗成活率。为便于育苗管理，池塘的坡度不可太陡，通常以1：（2.5～3.5）为宜。

池四周用网片加竹桩构建防逃围栏，围栏高 80 ~ 100 cm，其中 30 ~ 40 cm 埋入土中，网片上方缝有 25 ~ 30 cm 宽的塑料薄膜，以防止虾苗逃逸。围栏的位置应选在养殖期间最高水位线与池坡的交接处为宜，这样可以防止小龙虾对池坡的破坏和逃逸。

2. 稻田

稻田育苗需要在靠近稻田进水口一侧的池坡下开挖一个面积占稻田总面积 8% ~ 10%、深 0.8 m、宽 6 m 的育苗沟，沟四周建有高 30 cm、宽 50 cm 的小田埂及塑料网围栏，围栏的网目为 1.0 cm，结构与池塘围栏相同。围栏应设置在小田埂的外侧，用竹桩固定，桩间距为 1.5 ~ 2.0 m。沟底可施肥，种植的伊乐藻或轮叶黑藻的覆盖率不低于 80%。

3. 大棚

在大棚内不但可以培育出大规格虾苗，而且育成的虾苗可以提前 2 ~ 3 个月投放到池塘或稻田中进行饲养，其优点是养成的商品虾规格大、产量高，可以提前上市。大棚育苗池为土池，细长条形，宽 6 ~ 8 m，长 50 ~ 100 m，深 0.8 ~ 1.0 m，坡比为 1 : 1.5。池的一端为进水口，另一端配置排水管。每个大棚内有两个平行的育苗池，左右相邻的池埂表面浇铸水泥或搭建可供行走的便桥以便于投饵与管理。大棚采用钢架或竹架结构，保温棚为塑料薄膜。育苗池内需要配置旋涡式鼓风机进行增氧，每 5 m² 配置 1 个气石，气石应悬空于池底，距离底部 10 cm，以防止泥浆泛起。

二、育苗前准备

育苗池提前 10 ~ 15 d 用生石灰清塘，以改良底质和杀灭野杂鱼，用量为 1 500 kg/hm²。育苗池中需要种植伊乐藻、轮叶黑藻和水花生等水草，覆盖率为整个池塘水面的 40% 以上。水花生应沿池岸四周布设，池中央以沉水植物为主，水草应在种虾放养前 1 ~ 3 个月完成种植，提前种植有利于水草群落的形成。当池塘底泥的肥力不足时应提前施肥，用量为 750 ~ 7 500 kg/hm²，并进行旋耕，以利水草和底栖生物的生长。水草种植前期的池水水位为 20～30 cm，中后期的池水水位以 60～120 cm 为宜。夏季水位宜浅些，冬季可适当加深以利于小龙虾越冬。

三、水质要求

要求育苗水体无污染，溶解氧含量不低于 5 mg/L，pH 为 7.5～8.5，水体透明度为 40 cm 以上。

四、幼虾放养或及时移出亲虾

在原塘开展虾苗培育的，不需要进行清塘消毒，但需要 3 月中旬前将亲虾移出繁殖池塘，或直接捕捞上市。在异塘开展虾苗培育的，2 月底前用密网眼地笼将幼虾带水移出，进行专池培育，每公顷可放养 225 万～450 万尾。虾苗放养同样要求遵循就近选购的原则，且最好采用冷藏车或带水、降温的方式运输。

虾苗放养前必须用池水浇淋 5～10 min，以降低应激反应，然后用 40 g/L NaCl 溶液浸泡 8 min，以杀灭幼虾体表的寄生虫和细菌。

五、养殖管理

1. 施肥

秋末、冬季及初春，水草移植不好的稻田，在春季要补种轮叶黑藻。秋冬季和春季每半个月施一次腐熟的有机肥或氨基酸肥，每次每公顷 750～1 500 kg。施肥的目的：一是培育藻类和浮游生物，为小龙虾提供饵料；二是保温，水体有肥度则水温变化不大，减少应激反应；三是稳定水质，保证水的稳定性，水质不会因天气变化产生大的变动，投放种苗存活率高；四是可增加水中的氧气，溶解氧的 80% 来自藻类的光合作用，良好的水质、合适的透明度能够很好地提供溶解氧；五是有助于维持水中的藻相平衡。

每公顷稻田施生物有机肥 375～750 kg，并配置增氧机。在养殖中后期，可用生物有机肥追肥，用量为 450 kg/hm²。

肥水时应注意，第一，尽量使用腐熟的有机肥，坚持稻秆还田。第二，坚持合适的温度施肥。温度低，光照弱，藻类新陈代谢慢，繁殖慢；温度高，藻类繁殖比较快，施肥效果比较好。秋冬季和早春时节，正是虾苗大量出现的时候，可施放一些氨基酸肥，以确保有充足的浮游生物供幼虾捕食。第三，坚持适合水位施肥。若水浅（30 cm 以内），土壤吸收肥力过多，导致水体难以肥起来。第四，坚持 C 与 N、P、K 等营养物质平衡，同时要注意观察矿物质是否缺乏。水草的生长会消耗大量碳肥，而养殖中后期的藻类暴发主要消耗的是氮磷肥。所以，选择肥水产品时应注意添加碳肥。老塘（淤泥较多）底泥氮磷营养元素含量高，肥水时应更注重补充碳肥与藻种进行提肥。第五，坚持肥水越冬，深水越冬。秋末冬初以及早春，应及时肥水，通过肥水培育丰富藻类，定期追肥维持水色；养殖中后期气温回升会加速底肥释放，此时池塘缺的不是氮磷肥而是碳肥，只需要定期补充碳肥以及藻种、菌种维持水色即可。

2. 投喂饲料

幼虾要以投喂幼虾颗粒饲料为主，并要求颗粒饲料在水中的稳定性不少于 2 h，粗蛋白含量为 30%~36%，粗脂肪含量为 5%~7%，同时饲料的诱食性要好。颗粒饲料的日投喂量为幼虾体重的 1.5%~5%，天气晴好、水草较少时多投，闷热天、雷雨天、水质恶化或水体缺氧时少投。

冬季及初春，天然饵料生物丰富的可不投饲料，天然饵料生物不足时可适当投喂鱼糜、人工配合饲料等。当水温低于 12℃ 时，不投喂；4 月中旬后，小龙虾生长开始进入生长旺季，此时更要加强投喂。当水温达到 12℃ 以上时，每日应适当投喂人工饲料，投喂量为稻田存虾重量的 2%~5%，投喂时间为早晚各一次，并以傍晚投喂为主。

投饲应遵循"四定"原则，投喂的饲料要新鲜，不投腐败变质的饲料；定期在饲料中加入光合细菌、免疫多糖、复合维生素等药物，制成药饵投喂，增强虾的体质，减少疾病的发生；在小龙虾生长的高峰季节，保证投喂的饲料充足，大批虾蜕壳时不要冲水，蜕壳后增加投喂优质动物性饲料，促进小龙虾快速生长。

3. 改良底质和控制水质

（1）水位控制　控制好水位是为培养水中饵料生物创造适宜的温度。水位控制应遵循"春浅夏满、先肥后瘦"的原则进行，按照"浅－深－浅－深"的办法，做好水位管理。9—12月保持 20～40 cm 的浅水位，12月至翌年2月保持 50～80 cm 的深水位，3—4月水温回升时保持 20～40 cm 的浅水位，4月中旬至5月底保持 50～70 cm 的深水位，6月以后进入夏季，水位须增至 60～80 cm。稻田养殖育苗一定要重视水稻插秧后环沟的剩余种虾夏季、秋季和冬季的管理，此时环沟的水蓄得越深越好，并要移植一定量水花生到环沟，以降低环沟水温，促进种虾成熟，为种虾产卵提供良好场所。

（2）水质管理　养虾先养水，水质的好坏决定着虾的健康。幼虾田的水质条件要求水体透明度为 25～35 cm，水肥活爽，水色为淡绿色或褐色，pH 为 7.2～8.5，溶解氧含量大于 5 mg/L，氨氮含量小于 0.5 mg/L，亚硝酸盐含量小于 0.05 mg/L。溶解氧是根本，严防晚上缺氧。

（3）改良底质　虾田的水质调节方案为：改底（用高含量硫酸氢钾，每 10 d 泼洒 1 次，用量按说明书或减半，一般 1 kg 可用 0.33～0.40 hm^2）+ 改毒（硫代硫酸钠或有机酸）+ 调水（氨基酸和磷肥），养殖期间一般 10～15 d 用一次。

（4）预防青苔　早春重点要稳固水草，增加肥料，防止青苔产生；养殖中期要定期用生石灰稳定 pH（7.2～8.5），适时做好底质改良工作。春末、夏季和秋季防治水华泛滥，氨氮和亚硝酸盐含量超标。

（5）调控水质　第一，注重因季节调控水质。初春，虾出洞、水草长、遮蜕壳、补开口，合理控制水位；春末和夏季，水够深、待得住、勤换水、病就少；秋季，护水草、促交配、勤改底、水不烂；冬季，肥水过冬、无青苔之害，苗高产。晴天加水，阴雨天不加水。第二，维护水体平衡系统，修复水质自净功能。

4. 病害防治

（1）每天巡塘时检查进排水口筛网是否牢固，防逃设施是否损坏，汛期防止漫塘，避免发生逃虾事故。

（2）小龙虾抗病能力强，一般很少生病，但在饲养过程中不能掉以轻心，应以加强疾病预防为主。

（3）稻田饲养小龙虾，其敌害较多，如蛙、蟾蜍、水蛇、泥鳅、黄鳝、水鼠等，除彻底用药物清田外，进排水要用 40～80 目纱网过滤；平时要清除田内敌害生物。如水鼠的危害较大，可采用鼠药、鼠笼、鼠夹等多种方法进行清除。

（4）主要疾病介绍及防治方法。

① 寄生虫疾病　主要是纤毛虫病，可用阿维菌素、伊维菌素、纤虫净等药物进行杀灭。

② 病毒性疾病　主要有水肿病等，可用聚维酮碘、二氧化氯、四烷基季铵盐络合碘等碘制剂或氯制剂药物治疗。

③ 真菌性疾病　主要有水霉病、黑鳃病，可用水杨酸、硫醚沙星、聚维酮碘等药物治疗。

④ 细菌性疾病　主要有烂鳃病、烂尾病、烂壳病、出血病、软壳病、蜕壳不遂等，常用杀细菌药物有氯制剂、碘制剂、醛类、溴制剂、生石灰等。

⑤ 弧菌病　弧菌是一种细菌，菌体短小，弯曲成弧形，尾部带一鞭毛，属厌氧菌。弧菌适宜温度为 10～35℃，最适温度为 25℃左右。弧菌喜欢生长在池塘底部的残饵、死藻、粪便、底泥等低氧的环境中。

a. 小龙虾感染弧菌的症状　首先，出现红爪、尾部水疱、红屁股、烂尾、甲壳溃疡、脓疱等症状。然后，出现小龙虾肠道发蓝、水肠、肠道积液、肠炎、空肠、肝胰脏发白等症状。最后，小龙虾会出现肝胰脏坏死，头胸甲有积水，引起小龙虾大量死亡。

b. 弧菌病防控措施　外用过硫酸氢钾复合盐和杀弧菌的药物（碘制剂、氯制剂等），5～7 d 使用一次。过硫酸氢钾复合盐具有很强的氧化性，在水中可以分解出具有强氧化性的原子氧和过氧化氢，并且能够氧化池塘底部的残饵和粪便，不给弧菌的生长创造环境，真正地起到改良底质和杀菌的双重功效。另外，过硫酸氢钾复合盐在改良底质和杀菌的过程中还可以释放氧气，提高池塘底部的溶解氧含量，减少夜间耗氧，减少小龙虾缺氧爬坡、上草的现象。

内服乳酸菌和复合维生素，拌饵投喂 3～5 d，增强虾体免疫力。严重时可配合内服抗菌消炎药（如恩诺沙星、氟苯尼考），具体按说明书使用。

⑥ 白斑综合征。

a. 主要症状　病虾活力下降，附肢无力，集于池塘周边；体色较健康虾灰暗，有些有黑鳃；胃肠道空，有一段呈青色；有蜕壳困难现象，新壳明显；死亡虾一般是同一水体中规格大的虾；季节性发病，水温 20℃左右开始发病，28℃后结束；江西发病季节在 4 月底至 6 月初。

b. 发病原因　池塘养殖密度过大，没有及时分塘；饲料投喂晚，数量不足；发病季节放养幼虾，捕捞运输不规范；同一池塘苗种放养时间太长，尤其是养殖塘应补苗量少；池中的水草栽种不规范，水质混浊；小眼地笼捕捞，捕捞虾分拣后小虾回塘时感染病毒等。

c. 预防措施　每年彻底清塘消毒，以碘制剂最为理想；放养健康、优质的种虾，控制放苗密度；提早投喂精饲料，提高虾的抗病性；调控好养殖水质，定期泼洒氯制剂或微生物制剂；移植培育好水草，改善养殖池底质；用二烯丙基硫化物（又称大蒜素）或抗菌药物拌饵投喂。

d. 病害防控措施　及时清除病死虾，做深埋处理；饲料：大蒜素 = 50：1 拌匀投喂 7 d；用聚维酮碘隔天连续全池泼洒 3 次，进行消毒处理；停药 5 d 后，池塘底质改良一次；稳定后加大饲料投喂，并及时捕捞，进入地笼的虾不可回塘。

第三节　苗　种　放　养

无论是仿生态繁育池中还是稻虾繁育田中，虾苗长成后，应及时捕捞销售。每年的 2 月底或 3 月初，如果水温合适且幼虾的规格达到了 4~5 cm 则应开始捕捞放养，通常用小眼地笼网捕捞，捕出的幼虾应及时放养。

幼虾通常用干法进行运输，运输工具为聚乙烯网布的钢筋网箱，规格 70 cm×40 cm×15 cm；幼虾装运前添加水草保持运输环境湿度，再在水草上均匀放一层幼虾，通常一个运输箱可放幼虾 3~4 kg。

第四章

稻虾综合种养管理

一、培育壮秧

1. 浸种消毒

水稻播种前晒种 1~2 d，清水选种后，选用咪鲜胺、大蒜素或 1% 石灰水浸种进行种子消毒。

2. 稻种稀播

一般每公顷大田杂交稻用种量为：早稻 26.25~30.00 kg，晚稻 18.75~22.50 kg，中晚稻 11.25~15.00 kg；常规稻每公顷用种量为：早稻 60.0~75.0 kg，晚稻 45.0~60.0 kg，中晚稻 30.0~45.0 kg；湿润育秧按秧本比 1∶10 备足秧田；塑盘育秧用量为：早稻用 561 孔塑盘每公顷 675~750 片，晚稻用 434 孔塑盘每公顷 975~1 050 片，中晚稻用 434 孔塑盘每公顷 750~900 片；机插育秧按照秧本比 1∶80 备足秧田。

3. 施足基肥并及时追肥

一般每公顷秧田施足腐熟的农家肥 15 000 kg 或绿肥 15 000~22 500 kg 作基肥，并施三元复合肥 450 kg；在 2 叶 1 心期追施尿素和氯化钾各 45~75 kg 作"断奶肥"，移栽前 3~5 d 追施尿素和氯化钾各 45~75 kg 作"送嫁肥"。

4. 防治有害生物

应坚持预防为主，综合应用农业防治、生物防治、理化诱控等绿色防控技术的原则，按照国家禁限用农药管理规定和《绿色食品农药使用准则》（NY/T 393—2020）要求安全科学使用化学农药。

二、合理密植

根据不同育秧方式进行适龄移（抛）栽，适当增加密度，一般中晚稻每公顷插足 18 万～24 万蔸，杂交稻每蔸 1 粒谷，常规稻每蔸 2～3 粒谷；晚稻每公顷插足 27 万～33 万蔸，杂交稻每蔸 1～2 粒谷，常规稻每蔸 3～4 粒谷。有条件的地方移栽或机插采用宽行窄株种植，抛秧田每隔 3 m 留出工作行。

三、优化施肥

坚持有机肥为主、化肥为辅和减氮控磷稳钾补微的施肥原则，有机氮占总施氮量的 50% 以上，有机肥可用绿肥、还田稻草、沼肥、饼肥、畜禽粪便及商品有机肥等。依据测土配方施肥建议卡，做到精准施肥，有机肥和磷肥一般全部作基肥，中晚稻化学氮肥和钾肥的基肥、分蘖肥、穗粒肥比例为 5∶2∶3，并注意根外补施微肥。肥料应符合《绿色食品 肥料使用准则》（NY/T 394—2021）的规定，禁止使用未经国家或省级农业部门登记的化学肥料、生物肥料、重金属超标的有机肥料及矿质肥料。

四、科学灌溉

1. 控水灌溉

一般每次灌水深度 2 cm 左右，并尽量增加稻田露田时间。除晒田期外，其他时期田不开裂即可。

2. 提早多次轻晒

当田间苗数达到计划穗数的 80% 左右时开始晒田，晒至田边微裂、田中不陷脚时灌薄水湿润，保持裂不增宽、土不回软，多次轻晒，到倒 2 叶露尖期时复水养苗。

3. 深水调温

水稻灌浆期若遇不利天气（如早稻遇高温或晚稻遇低温）可灌

10 cm 以上深水调温。

4. 切忌过早断水

一般中晚稻收获前 7 d 断水。

五、坚持绿色防控病虫害

优先采用农业防控、生物防治、理化诱控等病虫害绿色防控措施。化学农药使用应严格执行《绿色食品　农药使用准则》（NY/T 393—2020）规定，严格控制化学农药使用量和安全间隔期，并注意合理混合用药和交替用药，克服或推迟病虫害抗药性的产生和发展。化学用药要做到：用药指标准、选用农药品种准、用药时期准、用药量准、用药方法准的"五准"用药要求。

六、收获储运

成熟期要抢晴收获，并单收、单晒、单储，收获时使用联合收割机收获，晒谷宜选用竹晒垫，禁止在沥青或水泥地面上或黄泥沙地面上晒谷，以防污染。无安全晒谷条件的，应选用烘干机烘干。晒干或烘干后，宜立即包装并挂上标签，标明品种、产地、日期等，然后用单独的仓库贮藏。贮藏仓库应避光、常温、干燥、有防潮设施，贮藏设施应清洁、干燥、通风、无虫害和鼠害；贮藏时可放置鼠夹防治鼠害，并安装黑光灯诱杀害虫，严禁使用化学农药消毒；储运工具用竹木制品或棉麻制品，而且应清洁、干燥，严禁与有毒、有害、有腐蚀性、有异味的物品混运。收获后的副产品如秸秆、垄糠、米糠等可综合开发利用，提倡稻草还田，严禁焚烧、胡乱堆放、丢弃导致环境污染。

七、风险提示

（1）选用有市场开发潜力、市场认可的优质稻品种，以食味品质为主，兼顾外观品质和营养品质等指标。

（2）采用绿色高效栽培技术以保障优质稻品质，应避免稻谷收获、加工等环节混杂，确保优质优价。

第二节 养殖管理

一、冬闲稻田（稻虾连作）稻虾综合种养管理要点

不论是一季稻还是双季稻，不论是低湖稻田、冷浸稻田还是一般稻田，9—10月中稻和晚稻收割后，稻田要空闲到翌年4—6月才开始种稻。利用一年中7~8个月的这段空闲时间来养殖小龙虾，每公顷可收获750~2 250 kg的商品虾，经济效益可达22 500元以上。如果一年养殖两季，则产量和效益会翻番。

1. 一年两季放养幼虾养殖模式

该模式具体指第一季商品虾养殖（11月至翌年3月）放养的是幼虾，第二季商品虾养殖（4—6月）放养的也是幼虾。

（1）开挖虾沟　挖沟开溜是一稻两虾养殖模式必须要做的工作，一般开挖成回形沟和田形沟。稻田面积较小时挖回形沟，较大时挖田形沟。无论是回形沟还是田形沟，都要求沟宽3 m左右，水深1.2~1.5 m，但虾沟面积不能超过稻田总面积的10%。

（2）干沟消毒　干沟消毒的目的是防止乌鳢等敌害生物留存在稻田的回形沟或田形沟中，危害投放的小龙虾幼虾。

（3）水位控制　在回形沟和田形沟中，10—11月水位控制在0.8 m，越冬时水位不低于1.0 m，结冰时要在沟四周和中央打孔，并用稻草等堵塞孔口。3月中旬至4月底，依据天气和温度变化水位由深变浅，控制在0.5 m左右，5—9月水位由浅变深，控制在0.8~1.2 m。稻田中10—11月水位控制在0.3 m左右，12月至翌年4月或5月水位控制在0.5 m左右。

（4）移植水草与稻草留田　在回形沟和田形沟中，种植与移栽轮叶黑藻、苦草等，在田面种植伊乐藻。当水草缺乏时，应及时移植水花生或水葫芦等。另外，当水稻收割脱粒后，应尽可能将稻草

还回到稻田和沟中，以增加稻田中的肥料和饵料。

（5）控制第一季幼虾放养密度与规格　11月至翌年3月，选择体色青、体肢完整、无病无伤、活动力强、体质健壮、生长发育良好的幼虾，规格一般在160~240尾/kg，每公顷放养密度为75 000~90 000尾，养殖到翌年3月开始起捕30 g/尾以上的商品虾，待养殖密度捕稀50%后，开始补放大规格幼虾进行第二季养殖。

（6）控制第二季幼虾放养密度与规格　4—5月选择体色青、体肢完整、无病无伤、活动力强、体质健壮、生长发育良好的幼虾，体重要求在6~8 g/尾，规格一般在120~200尾/kg，每公顷放养密度为45 000~60 000尾，养殖到6月上旬或7月上旬全部起捕，结束养殖，仅留少量规格小的小龙虾在虾沟内养殖。

（7）投饲　以投喂优质配合饲料为主，可适当搭配鲜鱼鱼糜等，饲料日投喂量为幼虾体重的3%~5%，分早晨和傍晚两次投喂，早晨占总投喂量的30%~40%，傍晚占总投喂量的60%~70%。也可傍晚一次性投喂，投喂量视摄食情况和天气变化适当调整。12月以后，水温低于10℃时少喂或不喂，开春后水温上升至10℃以上时开始少量投喂，15℃以上时进行强化养殖，保证每个月都有大量的大规格商品虾上市。一年两季商品虾养殖的产量可达到3 000~4 500 kg/hm^2。

（8）疾病预防　在商品虾养殖过程中，每月用百万分之十五的生石灰或高聚维酮碘交替进行全沟泼洒，具有很好的预防效果。

（9）强化培育　水温回升至15℃以上时，要实施强化培育。

（10）合理捕捞　3月开始用4 cm网目的地笼起捕30 g/尾以上的小龙虾，之后一直用此网目的地笼起捕小龙虾。5月底开始逐步放水，为6月上旬移栽水稻做准备，将4月补放的第二季幼虾放入环沟中，田面种植水稻，环沟养殖小龙虾，待水稻分蘖后，将环沟和田面打通，上水引导小龙虾到田面生长，此时环沟要移栽水花生等植物，之后，仍用4 cm网目的地笼不断起捕30 g/尾以上的小龙虾，直至全部干沟捕净为止。水稻收割前必须捕捞结束。

（11）水稻稻田田间管理 稻田田间管理的主要工作是施药、施肥和防敌害等，保证养殖的商品小龙虾健康和安全。

① 水稻施药 小龙虾对多种农药非常敏感，施药时要尽可能选择高效低毒的农药，最好选择生物农药制剂。施药时严格遵守安全使用浓度，确保小龙虾的安全。能喷药于水稻叶面的要尽量喷于叶面，不喷或少喷入水中。水剂喷雾宜选择在下午进行，下午稻叶干燥程度大，大部分药液能较好地吸附其上。施药后稻田中的水最好不要流入沟中。

② 水稻施肥 稻田施肥尽可能施用生物肥和腐熟的有机肥。稻田基肥一定施足，达到肥力持久长效的目的。追肥要少施。禁止使用对小龙虾生长阶段有害的化肥，如氨水和碳酸氢铵等。

③ 防敌害 养殖小龙虾一定要注意清除敌害生物，如蛙类、鼠类、野杂鱼类、鸟类等。

2. 一年两季放养幼虾和亲虾养殖模式

该模式第一季养殖为放养幼虾养殖，养殖时间为每年4—7月；第二季养殖为放养亲虾养殖，养殖时间是7月至翌年4月。

第一季（4—7月）养殖技术与一年两季放养幼虾养殖模式基本相同。每公顷产量可达到1 500 kg。第二季（7月至翌年4月）养殖技术为每年7月在回形沟或田形沟内将成熟较早的小龙虾亲虾（最好是第一季商品虾选留下来的亲虾）按雌雄比3∶1放养，让其自行繁殖、孵化。一般每公顷放养35 g/尾以上的亲虾150~225 kg。具体繁殖技术、苗种培育技术和商品虾养殖技术如上所述。至翌年4月底前将达到规格的商品虾和产后亲虾全部捕捞上市，每公顷产量可达到1 500 kg。

二、稻虾共生一年两季商品虾养殖管理要点

稻虾共生与冬闲稻田（稻虾连作）稻虾综合种养的技术主要不同点是，冬闲稻田（稻虾连作）第一季小龙虾养殖时，是在水稻收

割后至水稻插秧前这段时间内完成的，第二季小龙虾养殖时，是在回形沟或田形沟内完成的。而稻虾共生的第一季小龙虾养殖技术与稻虾连作是相同的，第二季小龙虾养殖是在正在生长的稻田中及回形沟或田形沟内共同完成的。因此，稻虾共生的商品虾养殖技术应更加注意稻田田间管理工作。

三、稻田一年两季苗种繁育与商品虾养殖技术

稻田［稻虾共生与冬闲稻田（稻虾连作）］一年两季苗种繁育与商品虾养殖技术和稻虾共生一年两季商品虾养殖技术的不同点在于，前者一年内进行一次商品虾养殖和一次苗种繁育，后者在一年内进行两次商品虾养殖。

1. 第一季商品虾养殖技术

与稻虾共生一年两季商品虾养殖技术基本相同。第一季商品虾养殖时间为 4—8 月。每公顷大约可获得商品虾 1 500 kg。

2. 第二季苗种繁育技术

与稻虾共生一年两季苗种繁育技术基本相同。第二季苗种繁育时间为 8 月至翌年 4 月。不同的是，8 月干沟消毒后，亲虾放养密度为 300 kg/hm²。培育到翌年 4 月，大约可获得 4 cm 以上的大规格虾苗 75 万尾以上。

四、莲田养殖小龙虾技术

在莲田或莲池中养殖小龙虾是充分利用莲田或莲池水体、土地、肥力、溶解氧、光照、热能和生物资源等自然条件的一种养殖模式，能将种植业与养殖业有机地结合在一起。可达到藕、虾双丰收，这与稻田养鱼、养虾的情况颇有相似之处。我国华东地区、华南地区的莲田、莲池资源丰富，但进行莲田或莲池养鱼、养虾的很少，使莲田、莲池中的天然饵料白白浪费，单位面积莲田、莲池的综合经济效益得不到充分体现。

栽种莲藕的水体大体上可分为莲池与莲田两种类型：莲池多是

农村坑塘，水深在 50~180 cm，栽培期为 4—10 月。莲叶遮盖整个水面的时间为 7—9 月。莲田是专为种莲修建的池子，池底多经过踏实或压实。水深一般为 10~30 cm，栽培期为 4—9 月。由于莲池的可塑性较小，利用莲池养殖小龙虾多采用粗放的饲养方式。莲田改造方便，可塑性较大。利用莲田进行小龙虾饲养时，生产潜力较大，这里将重点介绍莲田养殖小龙虾技术。

1. 莲田选择与工程建设

养殖小龙虾的莲田，应水源充足、水质良好、无污染、排灌方便，抗洪、抗旱能力较强。田中土壤的 pH 呈中性至微碱性，且阳光充足、光照时间长，浮游生物繁殖快，尤其以背风向阳的莲田为好。忌用有工业污水流入的莲田养殖小龙虾。养虾莲田的建设主要有三项，即加固加高田埂、开挖虾沟虾坑和进排水设施建设与安排栅栏。

（1）加固加高田埂　为防止小龙虾打洞掘穿田埂，引发田埂崩塌，在汛期和大雨后发生逃虾现象，须加高、加宽和夯实田埂。加固的田埂应高出水面 40~50 cm，田埂四周用塑料薄膜或钙塑板修建防逃墙，最好再用塑料网布覆盖田埂内坡，下部埋入土中 20~30 cm，上部高出埂面 70~80 cm；田埂基部加宽 80~100 cm。每隔 1.5 m 用木桩或竹竿支撑固定，网片上部内侧缝上宽度 30 cm 左右的农用薄膜，形成"倒挂须"，防止小龙虾攀爬外逃。

（2）开挖虾沟虾坑　为了给小龙虾创造一个良好的生活环境和便于集中捕虾，需要在莲田中开挖虾沟和虾坑，开挖时间一般在冬末或初春，并要求一次性建好。虾坑深 50 cm，面积 3~5 m²。虾坑与虾坑之间开挖深度为 50~60 cm，宽度为 30 cm 的虾沟。虾沟可呈"十""田""井"字形。一般小田挖成"十"字形，大田挖成"田""井"字形。整个田中的虾沟与虾坑要相通。一般每公顷莲田开挖一个虾坑，面积为 20~30 m²。莲田的进排水口对角排列，进排水口与虾沟、虾坑相通连接。沟坑总面积不超过莲田总面积的 10%。

（3）进排水设施建设与安装　进排水口安装竹箔、铁丝网等防逃栅栏，高度应高出田埂 20 cm，其中进水口的防逃栅栏要朝田内安置，呈弧形或"U"形安装固定，凸面朝向水流。注排水时，如果水中渣屑多或莲田面积大，可设双层栅栏，里层拦虾，外层拦杂物。

2. 放养前的准备

莲田消毒施肥在放养虾苗前 10 ~ 15 d，每公顷莲田用生石灰 1 500 ~ 2 250 kg，化水全田泼洒，或选用其他药物，对莲田和养殖坑、沟进行彻底清田消毒。养殖小龙虾的莲田，应以施基肥为主，每公顷施有机肥 22 500 ~ 30 000 kg；也可以加施复合肥，基肥要施入莲田耕作层内，一次施足，减少日后施追肥的数量和次数。

3. 虾苗放养

莲田养虾的放养方式类似于稻田养虾，但因莲田中常年有水，放养密度比稻田养殖时稍大一些。将亲虾直接放养在莲田内，让其自行繁殖，每公顷放养规格为 20 ~ 30 尾 /kg 的小龙虾 225 ~ 375 kg；外购虾苗每公顷放养规格为 200 ~ 300 尾 /kg 的幼虾 90 000 ~ 120 000 尾。虾苗在放养前要用 30 g/L NaCl 溶液进行浸洗消毒 3 ~ 5 min，具体时间应根据当时的天气、气温及虾苗本身的耐受程度灵活确定，采用干法运输的虾苗离水时间较长，要将虾苗在田水内浸泡 1 min，提起搁置 2 ~ 3 min，反复数次，让虾苗体表和鳃腔吸足水分后再放养。

4. 饲料投喂

莲田养殖小龙虾，投喂饲料要遵循"四定"原则。投饲量以莲田中天然饵料的多少与小龙虾的放养密度确定，投喂饲料要采取定点的办法。即在水位较浅、靠近虾沟虾坑的区域，拔掉一部分莲叶，使其形成明水区，投饲在此区内进行。在投喂饲料的整个季节，遵守"开头少，中间多，后期少"的原则。6—9 月水温适宜，是小龙虾生长旺期，一般每天投喂 2 ~ 3 次，时间在 4—10 时和日落前后，日投饲量为虾体重的 4% ~ 5%；其余季节每天可投喂

1 次, 于日落前后进行, 或根据摄食情况于次日上午补喂一次, 日投饲量为虾体重的 1%~3%。饲料应投在池塘四周浅水处, 小龙虾集中的地方可适当多投, 以利其摄食和养殖者检查摄食情况。饲料投喂须注意: 天气晴好时多投, 高温闷热、连续阴雨天或水质过浓则少投; 大批虾蜕壳时少投, 蜕壳后多投。

5. 日常管理

莲田养殖小龙虾成功与否取决于养殖管理的优劣。灌水莲田养殖小龙虾, 在初期宜灌浅水, 水深 10 cm 左右即可。随着藕和虾的生长, 田水要逐渐加深到 15~20 cm, 促进莲的开花生长。在莲田深水及莲的生长旺季, 莲田补施追肥及水面被莲叶覆盖, 水体由于光照不足及水质过肥, 常呈灰白色或深褐色, 水体缺氧, 在后半夜尤为严重。此时小龙虾常会借助莲茎攀到水面, 将身体侧卧, 利用身体一侧的鳃直接进行空气呼吸。在养殖过程中, 要采取定期加水和排出部分老水的方法调控水质, 保持田水溶解氧含量在 4 mg/L 以上, pH 为 7.0~8.5, 透明度 35 cm 左右。每 15~20 d 换一次水, 每次换水量为池塘原水量的 1/3 左右。每 20 d 泼洒一次生石灰, 每次每公顷用生石灰 150 kg, 在改善池水水质的同时, 增加池水中钙离子的含量, 促进小龙虾蜕壳生长。

莲田养殖小龙虾施肥时, 应协调好藕和虾的矛盾, 在小龙虾安全的前提下, 允许施一定浓度的追肥。养虾莲田的施肥应以有机基肥为主, 约占总施肥量的 70%, 同时适当搭配化肥。施追肥时要注意气温低时多施, 气温高时少施。为防止施肥对小龙虾造成影响, 可采取半边先施, 半边后施的方法交替进行。

6. 捕捞

莲田养殖的小龙虾可用虾笼等工具分期分批捕捞, 也可一次性捕捞。在捕捞前, 可将小龙虾爱吃的动物性饵料集中投喂在虾坑虾沟中, 同时采取逐渐降低水位的方法, 将小龙虾集中在虾坑虾沟中进行捕捞。

五、鱼塘混养小龙虾技术

小龙虾既可以单养，也可以与一些鱼类混养。鱼虾混养，不仅能充分利用水体，而且可以在不增投饲料、不影响鱼种生长的情况下，达到鱼虾双丰收的目的，是一种很好的养殖方式。

1. 混养池的选择

小龙虾同鱼类混养通常在种鱼或亲鱼池内进行，池塘面积 0.2～0.3 hm² 为宜。要求池底平坦，淤泥较少，靠近水源，进排水方便，环境安静，生态条件较好，能保持水深 1.0～1.5 m，池塘坡度比为 1：3，池塘四周有防逃设施。

2. 池塘清整

宜采用对小龙虾无危害的清塘药物进行清塘，如生石灰、漂白粉等，彻底杀灭乌鳢、鲶鱼、水蛇、蛙类等敌害生物，以及寄生虫和致病菌等。池中种植少量水草，如轮叶黑藻、水花生、苦草、水葫芦等，种植水草面积以池塘水面的 1/5 为宜。也可在一边池埂保持一定数量的水草等隐蔽物，作为小龙虾栖息、攀爬、蜕壳的场所。

3. 混养鱼品种的选择

小龙虾与鱼类混养，不可选择肉食性的鱼类和以底栖生物为食的鱼类，如鳜、鲤等，以免这些鱼类吞食小龙虾。可混养的品种有鲢、鳙、鲫等，小龙虾与滤食性仔口鱼种混养较好，最好与白鲢混养，以水生植物为食的草鱼、鳊鱼等也不宜混养过多。

4. 混养比例及密度

放养的小龙虾种虾，规格要在 3 cm 以上，附肢健全，活动能力强。池塘中先放养混养鱼类，放养时间为 12 月至翌年 3 月，放养密度根据池塘养殖产量、水质条件、配套设施等确定。3—5 月放养小龙虾，放养密度为每公顷 30 000～60 000 尾。

5. 饲料投喂

鱼虾混养既要考虑虾的摄食特性，又要兼顾鱼对饲料的需求。

饲料投放量较同密度纯养鱼的投喂量略高即可。饲料按鱼类养殖要求的"四定"原则进行投喂，要适口，不能将粉状饲料直接泼洒池内，使鱼虾难以取食，既造成饲料的浪费，又污染了水质。

小龙虾饥饿时可能自相残杀或摄食幼鱼，因此投饲必须充足，满足小龙虾和鱼类的摄食需要。

6. 日常管理

小龙虾与鱼类混养日常管理工作的重点是水质调节和防病治病工作。

池水水质要保持肥活嫩爽，水体透明度 30 cm 左右，pH 为 7.0~8.5，溶解氧 4 mg/L 以上。使用生石灰调节水质，增加水体中钙离子的含量，利于小龙虾蜕壳生长。在鱼虾的生长旺季，每 15~20 d 施用一次，每次每公顷用 150~225 kg 的生石灰化成灰浆后全池遍洒。食场定期用生石灰、漂白粉进行消毒；在饲养的中后期，每个月施用 1~2 次光合细菌，使池水浓度达 5~6 g/m^3。每月使用一次底质改良剂，使池水浓度为 40~50 g/m^3，改良底质。定期加注新水，调节池水水质。

在防治鱼类病虫害时，不能使用对小龙虾有危害的药物，尤其在选用杀虫剂时，要特别注意不能选用含菊酯类的杀虫剂，防止保了鱼而死了虾。

7. 捕捞

小龙虾与鱼类混养时，在种虾放入 30~40 d 后，就可开始捕捞，具体应根据市场需求和虾的规格而定。通常 5 月开始采用地笼等网笼类渔具进行捕捞，规格大的上市，小的放回池塘，这样可以持续到 10 月底。而鱼的捕捞则安排在翌年元旦和春节前后为宜。条件允许时，根据池塘养殖情况可补放种虾，实行轮捕轮放。

第五章

小龙虾病害防控

第一节　疾病预防

一、发生病害的原因

1. 病原致病性

（1）病毒　研究表明，淡水螯虾体内中存在着多种病毒，部分病毒可以导致螯虾较高的死亡率。从淡水螯虾体内发现的病毒有：核内杆状病毒（类杆状病毒）、澳洲红螯螯虾杆状病毒、白斑综合征病毒、传染性胰腺坏死病毒、呼肠孤病毒等。近年来，我国长江流域等地相继出现淡水小龙虾的大量死亡，经诊断证实引起这些小龙虾死亡的病原为对虾白斑综合征病毒。有实验将病毒感染的对虾组织饲喂给淡水螯虾，发现可以经口将对虾白斑综合征病毒传染给淡水螯虾，并导致淡水螯虾患病死亡，死亡率可高达 90% 以上。

（2）细菌　细菌性疾病通常被认为是淡水螯虾次要的或者是与养殖环境恶化有关的一类疾病，因为大多数细菌只有在池水养殖环境恶化的条件下，才能增强其致病性，从而导致淡水螯虾各种细菌性疾病的发生。主要种类有：弧菌属、气单孢菌属和假单胞菌属的一些细菌，还有枸橼酸杆菌属、不动杆菌属、肠杆菌属、产碱杆菌属、革兰阴性菌等。

（3）原生动物　主要包括微孢子虫病原、胶孢子虫病原、四膜虫病原和离口虫病原，它们通过寄生或外部感染的方式使淡水螯虾得病。小龙虾通常容易被附着累枝虫属、聚缩虫属、水瓶草属、钟形虫属、壳吸管虫属等部分原生动物种类。

（4）真菌　真菌是淡水螯虾经常报道的最重要病原之一，"螯虾瘟疫"就是由这类病原引起的，某些种类的真菌还能引起淡水螯虾发生一些其他疾病。同细菌引发淡水螯虾发病相似，真菌引发淡水螯虾发病也与养殖环境水质恶化有关。可以通过改善养殖水体水质，达到有效控制真菌致病的目的。主要真菌种类有：螯虾柱隔孢菌、细长头孢菌和螯虾钙皮菌等。

（5）后生动物　主要寄生在小龙虾体内的后生动物包括复殖类（吸虫）、绦虫类（绦虫）、线虫类（蛔虫）和棘头虫类（新棘虫）等。大多数寄生的后生动物对螯虾健康的影响并不大，但大量寄生时可能导致淡水螯虾器官功能紊乱。

2. 养殖环境因素致病性

（1）水质恶化　养殖水体因光照不足，泥土、污物等流入，引起藻类生长不旺盛，水体自净能力下降，部分藻类因长时间光照不足及泥土的絮凝作用下沉而死亡，在微生物作用下进行厌氧分解，产生氨氮、亚硝酸盐、硫化氢等有害物质，使水体中这些有害物质浓度上升，超过一定浓度会使养殖的小龙虾发生慢性或急性中毒，正在蜕壳或刚完成蜕壳的小龙虾容易引起死亡。

（2）重金属　小龙虾对环境中的重金属具有天然的富集功能。这些重金属通常从肝胰脏和鳃部进入小龙虾体内，并且相当大量的重金属（尤其是铁）存在于小龙虾的肝胰脏中，在上皮组织内含物中也存在大量的铁，甚至可能严重影响肝胰脏的正常功能。养殖水体中高含量的铁是小龙虾体内铁的主要来源，肝胰脏内铁的大量富集可能对小龙虾的健康造成影响。

尽管小龙虾对重金属具有一定的耐受性，但是一旦养殖水体中的重金属含量超过了小龙虾的耐受限度，也会最终导致小龙虾中毒死亡。工业污水中的汞、铜、锌、铅等重金属元素含量超标是引起淡水螯虾重金属中毒的主要原因。

（3）化肥和农药　稻田养虾一次性施用化肥（碳酸氢铵、氯化钾等）过量时，能引起小龙虾中毒。中毒症状为虾起初不安，随后狂烈倒游或在水面上蹦跳，活动无力时随即静卧池底而死。防治方法为立即换水或加注新水。

用药稻田的水体进入虾池，当药物浓度达到一定量时，会导致虾急性中毒。症状为虾竭力上爬，吐泡沫或上岸静卧，或静卧在水生植物上，或在水中翻动随即死亡。防治方法为酸性农药立即更换池水，同时用生石灰 25 g/m³ 全池泼洒；碱性农药用 1 g/m³ 乙酸全池喷施，隔天再施一次磷肥。

（4）其他因素　大多数发病水体存在着未及时捕捞、虾养殖密度高、水草少、淤泥多等情况。此外，养殖水体中的低溶解氧或溶解氧含量过饱和均可导致淡水螯虾缺氧（严重时窒息死亡）和气泡病。

3. 养殖技术不规范的致病性

（1）清塘消毒不彻底　放养前，虾池清整不彻底，腐殖质过多，使水质恶化；放养时，种虾体表没有进行严格消毒；放养后，没有及时对虾体和水体进行消毒，这些都给病原的繁殖感染创造了条件。引种时未进行消毒，可能把病原带入虾池，在环境条件适宜时，病原迅速繁殖，部分体弱的虾就容易患病。刚建的新虾池，未用清水浸泡一段时间就放水养虾，可能因小龙虾对水体不适而患病。

（2）饲料投喂不当　小龙虾喜食新鲜饲料，如饲料不清洁或腐烂变质，或者盲目过量投喂，加之不定时排污，则会造成虾池残饵及粪便排泄物过多，引起水质恶化，给病原生物创造繁殖条件，导致小龙虾发病。此外，饲料中某种营养物质缺乏也可导致营养性障碍，甚至引起小龙虾身体颜色变异，如小龙虾由于日粮中缺乏类胡萝卜素就可能出现机体苍白。

（3）放养不合理　若放养的种虾规格不整齐，加之池塘本身放养密度过大、投饲不足，则会造成大小虾相互斗殴而致伤，为病原进入虾体打开"缺口"。

（4）其他技术因素　如未能恰当地进行水质调节，导致水质恶化；平时没有进行正常的疾病预防，病后乱用药物；发病后未能做到准确诊断和必要的隔离；死虾未及时处理，未感染的虾由于摄食病虾尸体而被传染，这些都能导致疾病的发生或蔓延。

二、非药物预防疾病

1. 生态预防

（1）选择适宜的养殖地点开展稻虾综合种养　养殖地点要求地势平缓，以黏性土质为佳。建造的稻虾池环沟坡比为 1∶2，水深 1.2～1.5 m。水源要求无污染，最低 pH 为 6.5 以上，水体总碱度不要低于 50 mg/L。为保证有足够的地方供亲虾掘洞，同时也要进排水方便，面积比较大的水域可在池中间构筑多道池埂。这样，在养殖密度较高时，通过一个注水口即可使整个池水处于微循环状态，便于管理。

（2）严格控制亲虾放养规格和数量　每年7—9月是投放亲虾的最佳季节，放养前用生石灰对池塘进行消毒，并施有机肥 4 500 kg/hm²，10 d 后即可投放亲虾。亲虾的选择标准是体质健壮，附肢完整，平均规格为 20～30 尾/kg，雌雄比例 3∶1。

（3）合理种植或移植水草　池塘种植水草的种类主要是轮叶黑藻、伊乐藻、苦草等，可以两种水草兼种，即轮叶黑藻和苦草或者伊乐藻和苦草，覆盖面积为 40%。如果因小龙虾吃光水草或其他原因水草被破坏，应及时移植水花生、水葫芦等。

（4）日常管理必须加强　经常注意水体水质、水位的变化，做到宜肥则肥、宜瘦则瘦、肥瘦结合，勿使水质过肥。养殖旺季应该保持水质清瘦，越冬季节应该提前肥水，做到肥水越冬、深水越冬。

2. 免疫预防

目前，关于水产甲壳动物的机体防御机制尚未完全明了，能准确把握水产甲壳动物健康状态的科学方法也尚待确立，这给确立水产甲壳动物的免疫防疫对策造成了一定的障碍。

　　以前关于虾、蟹防御机能的资料，只是研究者们为了深入探索高等脊椎动物机体防御机能，从比较免疫学和生理学的角度出发，将水产养殖虾、蟹等无脊椎动物机体防御机制作为其原型进行研究获得的部分结果。近年来，面对世界各地水产养殖甲壳动物各种疾病的频发，人们才意识到了解水产甲壳动物的各种疾病以及阐明对这些疾病的机体防御机能的重要性。

　　现有的资料表明，甲壳动物的机体防御系统与脊椎动物一样，主要包括免疫细胞和体液因子。由于一部分体液因子是在细胞内产生并储存在细胞内发挥作用的，所以将这两种免疫防御因子严格区分是很困难的。但为了叙述的方便，一般的资料中仍将免疫细胞和体液因子分开介绍，免疫细胞主要是介绍血细胞和固着性细胞的吞噬活性，以及由血细胞产生的包围化及结节形成现象；体液因子主要介绍酚氧化酶前体活化系统、植物凝血素和杀菌素等。

　　预防水产甲壳动物细菌性传染病的疫苗，最早是为了预防美洲龙虾的高夫败血症（gaffkemia）而研制的，实验结果表明用高夫败血症致病菌浅绿气球菌制备的灭活菌苗注射或者浸泡美洲龙虾后，能对高夫败血症产生免疫力；用该疫苗在野外进行实验结果表明，免疫接种区虾的存活率显著高于对照区。说明疫苗对美洲龙虾的高夫败血症具有很好的免疫预防效果。

　　为了预防澳洲鳌虾由病原性假单胞菌引起的传染病，采用鼠伤寒沙门氏菌制备的灭活菌苗接种，取得了良好的预防效果。用鳌虾的血细胞经血清调理后对绵羊细胞进行吞噬活性测定，结果发现用接种疫苗后的鳌虾血清调理过的血细胞，其吞噬活性明显地高于未接种疫苗的鳌虾血清处理组。因此，认为血清调理作用与预防病原性假单胞菌引起的传染病有关。

　　甲壳动物机体防御机能的活化，并不像脊椎动物那样必须要用致病菌作为免疫原，这就意味着活化甲壳动物防御机能的物质可以在更广阔的范围内寻找。事实上，也已经有人将用于人类癌症治疗的免疫疗法以及用于鱼类疾病预防的免疫赋活剂用到虾病预防实验中。Sung 等采用从酵母细胞壁中提取的 β-1,3- 葡聚糖的悬浮液浸泡斑节对虾，浸泡处理后的 18 d 内对创伤弧菌（*Virio vulnificus*）显示出抗感染力的同时，受免虾体内酚氧化酶（PO）的活性也明显上升；Itami 等采用从裂殖菌中提取的 β-1,3- 葡聚糖投喂日本对虾后，不仅受免虾血细胞吞噬活性明显增强，同时人工攻毒实验也证实受免虾的抵抗力显著增强，在供试虾血清中出现对正常虾 G 细胞的吞噬活性有促进作用的物质；用从嗜热双歧杆菌中提取出来的肽聚糖投喂日本对虾后，受免虾的抗感染防御能力及其血细胞的吞噬活性都明显地增强；陈昌福等用免疫多糖（酵母细胞壁）注射到小龙虾体内后，检测供试虾血清、肌肉和肝胰脏提取液中的酸性磷酸酶（ACP）、碱性磷酸酶（ALP）和过氧化物酶（POD）的活性，结果发现，经注射免疫多糖（酵母细胞壁）刺激后，小龙虾肝胰脏中的 ACP 和 ALP 活性明显增加，而且，在注射后 72 h，ACP 活性由对照组的 3.13 U/100 mL 提高到 9.34 U/100 mL，ALP 活性由 3.83 U/100 mL 提高到 12.8 U/100 mL，而在血清和肌肉中 ACP 和 ALP 的活性均没有明显变化。

由上述研究结果可以看出，免疫刺激剂可以增强虾类的抗感染能力，采用口服的方式也可以诱导供试虾产生防御能力。这对养殖小龙虾的疾病预防具有实际意义。

3. 药物预防

药物预防水产养殖动物的疾病是对生态预防和免疫预防的应急性补充措施，原则上对水产动物疾病的预防是不能依赖药物的。这是因为除了部分消毒剂外，采用任何药物预防水产动物的疾病，都有可能污染养殖水体或者导致水产动物致病生物产生耐药性。因此，采用药物预防水产动物疾病只是在不得已的情况下采取的措施。

当采用药物预防水产养殖动物的疾病时，可以用作预防的药物种类十分有限。首先，抗生素类药物不能作为水产动物疾病的预防药物，这是因为抗生素药物容易导致致病菌产生耐药性；其次，杀虫药物也不能作为水产养殖动物的预防药物，这是因为水产养殖用杀虫药物绝大多数都是农药，多次泼洒在水体中容易导致养殖水体的污染。

为了控制各种疾病对水产养殖动物的危害，在水产动物的养殖过程中，采用消毒剂对养殖水体和工具，养殖动物的苗种、饲料以及食场等进行消毒处理，是预防各种传染性疾病的发生和流行的重要方法之一。消毒的目的就在于消灭各种有害微生物，为水产养殖动物营造出卫生而又安全的生活环境。

二氧化氯（ClO_2）制剂能有效地改善养殖环境，高效、快速地杀灭养殖动物的各种致病微生物，同时具有作用活性不受 pH、温度、氨及各种有机和无机污染物的干扰，作用后不会形成有害残留物质，不会造成环境污染等众多优点。随着稳定性 ClO_2 制剂的问世，其优越性已被越来越多的人认识，可以取代各种氯制剂广泛使用。

二氧化氯以其卓越的性能，已经成为世界卫生组织（WHO）和联合国粮食及农业组织（FAO）向全世界推荐的唯一 A1 级广谱、安全、高效的消毒剂。

第二节　疾 病 防 治

一、白斑综合征

1. 病因

由白斑综合征病毒（WSSV）引起。

2. 症状

发病小龙虾在初期无明显症状，后期不摄食，肠道无物，反应迟钝，应激能力较弱；螯肢及附肢无力，无法支撑身体；血淋巴不易凝固，头胸甲易剥离，肝胰脏颜色淡黄，腹节肌肉苍白；在头胸甲部位常出现白斑。

3. 发病特点与分析

发病时间为每年的 4 月底至 6 月初，流行地区为长江流域。

4. 防治方法

（1）放养健康、优质的种苗　种苗是小龙虾养殖的基础，是发展健康养殖的关键环节，选择健康、优质的种苗可以从源头上切断 WSSV 病毒的传播链。

（2）控制合理的放养密度　放养密度过大，虾体互相刺伤，病原更易入侵虾体；此外大量的排泄物、残饵和虾壳、浮游生物的尸体等不能及时分解和转化，会产生非离子氨、硫化氢等有毒物质，使溶解氧含量不足，虾体质下降，抵抗病害能力减弱。

（3）提早喂养精饲料，提高虾的抗病力　及时投喂含蛋白质高的优质配合饲料，蛋白质含量保持在 28%~30%，增强小龙虾的抵抗力。

（4）改善栖息环境，加强水质管理　移植水生植物，定期清除池底过厚淤泥，勤换水，使水体中的物质始终处于良性循环状态。此外，还可以定期泼洒生石灰或使用微生物制剂，如光合细菌、EM 菌（即有效微生物群）等，调节池塘水生态环境。在病害易发期间，用 0.2% 维生素 C + 1% 大蒜素 + 2% 强力病毒康，加水溶解后用喷雾器喷在饲料上投喂；如发现有虾发病，应及时将病虾隔离，控制病害进一步扩散。

二、黑鳃病

1. 病因

水质污染严重，虾鳃受真菌感染所致。此外，饲料中缺乏维生素 C 也会引起黑鳃病。

2. 症状

鳃逐步变为褐色或淡褐色，直至全变黑，鳃萎缩；患病的幼虾趋光性变弱，活动无力，多数在池底缓慢爬行，腹部卷曲，体色变白，不摄食。患病的成虾常浮出水面或依附水草露出水外，行动缓慢呆滞，不进洞穴，最后因呼吸困难而死亡。

3. 预防方法

（1）消毒运虾苗的容器。放苗前，用生石灰等药物清塘。

（2）放养密度不宜过大，饲料投喂要适当，防止过剩的饲料腐烂变质而污染水体。

（3）更换池水，及时清除残饵和池内腐败物。

（4）每次每公顷用生石灰 75～90 kg，定期消毒水体。

（5）管护好水草，确保有充足的青饲料来源。

4. 治疗方法

（1）用 30～50 g/L NaCl 溶液浸洗病虾 2～3 次，每次 3～5 min。

（2）用 1 mg/L 漂白粉全池泼洒，每天 1 次，连用 2～3 次。

（3）用 0.1 mg/L 强氯精全池泼洒 1 次。

（4）用 0.3 mg/L 二氧化氯全池泼洒。

三、烂鳃病

1. 病因

由丝状细菌引起。

2. 症状

细菌附生在病虾鳃上并大量繁殖，阻塞鳃部的血液流通，妨碍呼吸。严重时鳃丝发黑、霉烂，引起病虾死亡。

3. 防治方法

（1）经常清除虾池中的残饵、污物，避免水质污染，保持良好的水体环境。

（2）漂白粉全池泼洒，使池水浓度达 2 g/m³，治疗效果较好。

（3）用茶籽饼全池泼洒，使池水浓度达 12～15 g/m³，促使小龙虾蜕壳后，换 2/3 新水。

四、纤毛虫病

1. 病因

主要是由钟形虫、斜管虫和累枝虫等寄生所引起的。

2. 症状

纤毛虫附着在虾和受精卵体表、附肢、鳃等器官上。病虾体表有许多棕色或黄绿色绒毛，对外界刺激无敏感反应，活动无力，虾体消瘦，头胸甲发黑，虾体表多黏液，全身都沾满了泥，并拖着条状物，俗称"拖泥病"。如水温和其他条件适宜时，病原微生物会迅速繁殖，2～3 d 即大量出现，布满虾全身，严重影响小龙虾的呼吸，往往会引起大批虾死亡。

3. 预防方法

清除池内污物，保持池水清新。冬季彻底清塘，杀灭池中的病原。发生此病可经常大量换水，减少池水中病原微生物数量。

4. 治疗方法

（1）用 30～50 g/L NaCl 溶液浸洗病虾，3～5 d 为一个疗程。

（2）用 0.3 mg/L 聚维铜碘溶液全池泼洒。

（3）用 0.7 mg/L 硫酸铜、硫酸亚铁混合溶液（5∶2）全池泼洒。

（4）每天用 0.4 mg/L 硫酸铜溶液浸洗病虾 5～6 h，3～5 d 为一个疗程。

（5）用 0.5 mg/L 螯合铜除藻剂（cutrine-plus），2～4 h 药浴，有一定效果。

（6）用 20～30 mg/L 生石灰全池泼洒，连用 3 次，使池水透明度提高到 40 cm 以上。

（7）用 0.3 mg/L 四烷基季铵盐络合碘（季铵盐含量为 50%）全池泼洒。

五、出血病

1. 病因

由产气单胞菌引起。

2. 症状

病虾体表布满了大小不一的出血斑点，特别是附肢和腹部，肛门红肿，一旦染病，很快就会死亡。

3. 预防方法

保持水体清新,维持正常水色和透明度。冬季清淤,平时注意消毒。

4. 治疗方法

(1)发现病虾要及时隔离,并对虾池水体整体消毒,每公顷用生石灰 300~375 kg 全池泼洒,最好每月泼洒一次。

(2)烟叶用温水浸泡 5~8 h 后全池泼洒,同时每千克饲料中添加 0.8 g 氟苯尼考,连喂 3~5 d。

六、水霉病

1. 病因

由水霉菌所致。主要原因是小龙虾肢体受伤感染。

2. 症状

患水霉病的小龙虾伤口处的肌肉组织长满长短不等的菌丝,该处组织细胞逐渐坏死。病虾消瘦乏力,活动焦躁,摄食量降低,严重者会导致死亡。

3. 预防方法

(1)苗种在捕捞、运输、放养时操作细致,谨防虾体受伤。

(2)越冬或放养的水体必须经过清整消毒,杀死敌害、寄生虫和病原微生物,以减少水霉菌入侵。

(3)当水温上升至15℃以上时,每 15 d 用 25 mg/L 生石灰化水全池泼洒。

(4)割去过多水草,增加光照。

(5)杜绝伤残虾苗入池,长了水霉的死鱼不能作为虾饵料。

4. 治疗方法

(1)用 40 mg/L NaCl 溶液、35 mg/L $NaHCO_3$ 溶液,配成合剂全池泼洒。每天 1 次,连用 2 d,如效果不明显,换水后再用药 1~2 d。

(2)用 0.3 mg/L 二氧化氯全池泼洒 1~2 次,两次用药应间隔 36 h。

（3）用 1 mg/L 漂白粉全池泼洒，每天 1 次，连用 3 d。

（4）用 0.3～0.4 mg/L 二氧化氯全池泼洒，连用 2 d。

（5）在硬水水体中采用 0.5～0.7 mg/L 硫酸铜溶液药浴 10～12 h；在软水水体中，硫酸铜溶液的药浴浓度为 0.3～0.5 mg/L。

七、烂尾病

1. 病因

小龙虾受伤、相互残杀或被几丁质分解细菌感染所致。

2. 症状

感染初期小龙虾尾部有水疱，边缘溃烂、坏死或残缺不全，随着病情的恶化，溃烂逐步由边缘向中间发展，感染严重时，整个尾部溃烂脱落。

3. 预防方法

运输和投放苗种时，不要堆压和损伤虾体。养殖期间饵料要均匀投喂、投足。

4. 治疗方法

（1）用 15～20 mg/L 茶籽饼浸液全池泼洒。

（2）每公顷用生石灰 90～120 kg 化水后全池泼洒。

（3）用强氯精等消毒剂化水全池泼洒，病情严重的，连续泼洒 4 次，每次间隔 1 d。

八、烂壳病

1. 病因

由几丁质分解，假单胞菌、气单胞菌、黏细菌、弧菌或黄杆菌感染所致。

2. 症状

感染初期小龙虾虾壳上有明显溃烂斑点，斑点呈灰白色，严重溃烂时呈黑色，斑点下陷，出现较大或较多的空洞，导致内部感染，甚至死亡。

3. 预防方法

（1）小龙虾苗种运输和投放时操作要仔细、轻巧，避免受伤虾入池。

（2）苗种下塘前用 30 g/L NaCl 溶液消毒 5 min，或用 15 μg/L 聚维铜碘溶液消毒 15～20 min。

（3）有条件时经常换水，保持池水清洁。

（4）饲料投足，避免残杀现象发生。

（5）每 15～20 d 用 25 mg/L 生石灰化水全池泼洒。

4. 治疗方法

（1）先用 25 mg/L 生石灰化水全池泼洒 1 次，3 d 后再用 20 mg/L 生石灰化水全池泼洒 1 次。

（2）用 15～20 mg/L 茶籽饼浸泡后全池泼洒。

（3）每千克饲料中添加 3 g 磺胺间甲氧嘧啶投喂，每天 2 次，连用 7 d 后停药 3 d，再投喂 3 d。

（4）每立方米水体用 2～3 g 漂白粉全池泼洒。

九、虾瘟病

1. 病因

病原为丝囊霉菌属（*Aphanomyces*）的真菌引起。

2. 病症

小龙虾的体表有黄色或褐色的斑点，且在附肢和眼柄的基部可发现真菌的丝状体，病原侵入虾体内部后，攻击其中枢神经系统，并迅速损害运动神经。病虾表现为呆滞，活动性减弱或活动不正常，容易造成病虾大量死亡。

3. 预防方法

保持水质清新，维持正常水色和透明度。放养密度适当，冬季干池清淤消毒，平时注重全面消毒。

4. 治疗方法

（1）用 0.1 mg/L 强氯精全池泼洒。

（2）用 1 mg/L 漂白粉全池泼洒，每天 1 次，连用 2 ~ 3 d。

（3）用 10 mg/L 亚甲蓝全池泼洒。

（4）每千克饲料拌 1 g 土霉素投喂，连喂 3 d。

十、褐斑病

1. 病因

又称为黑斑病。由于虾池池底水质变坏，弧菌和单胞菌大量繁殖，虾体被感染所引起。

2. 症状

小龙虾体表、附肢、触角、尾扇等处出现黑色、褐色点状或斑块状溃疡，严重时病灶增大、腐烂，菌体可穿透甲壳进入软组织，使病灶部分粘连，阻碍蜕壳生长，虾体力减弱，或卧于池边，不久便陆续死亡。

3. 预防方法

保持虾池水质良好，必要时施用水质改良剂或生石灰等改善水质。

4. 治疗方法

（1）连续 2 d 泼洒超碘季铵盐 0.2 g/m^3。同时每千克饲料中添加 0.5 g 10% 氟苯尼考，连续内服 5 d。

（2）虾发病后，用 1 g/m^3 聚维酮碘全池泼洒治疗。隔 2 d 再重复用药 1 次。

十一、肠炎病

1. 病因

由嗜水气单胞菌感染引起。

2. 症状

病虾体质瘦弱，行动缓慢。肠道明显变粗、呈红色，胃肠空，挤压时有液体或黄色脓状物流出。

3. 预防方法

每月用 25 mg/L 生石灰化水全池泼洒。

4. 防治方法

（1）全池泼洒 0.3 g/m³ 二溴二甲基海因 1 次。

（2）每千克饲料中添加 5 g 肠炎灵、5 g 二烯丙基硫化物（又称大蒜素）投喂，连喂 3 d。

十二、水肿病

1. 病因

小龙虾腹部受伤后感染嗜水气单胞菌所致。

2. 症状

病虾头胸内明显水肿，呈透明状。病虾匍匐在池边草丛中，不摄食不活动，最后在池边浅水地带死亡。

3. 预防方法

在生产操作中，尽量减少小龙虾个体受伤。

4. 治疗方法

用土霉素拌饵，每千克虾用药 1~2 g，连喂 7 d。

十三、红鳃病

1. 病因

水体长期缺氧及某种弧菌侵入虾体血液内而引起的全身性疾病。

2. 症状

虾体附肢变成红色或深红色，身体两侧变为白色，腹部变为浊白，鳃部由黄色变为粉红色至红色。后期虾体变红，鳃丝增厚、加大。

3. 预防方法

保持水质清洁，有条件时施用水质改良剂改善水质。每月用

20 mg/L 生石灰化水全池泼洒。

4. 防治方法

（1）运输、消毒、放苗等操作过程中，均要仔细，不使虾苗受到堆压，尽量避免小龙虾身体受伤。

（2）用 2 mg/L 漂白粉全池泼洒。

（3）饲料中添加适量维生素 C，2.5 kg 饲料中拌 3 g 土霉素制成药饵，连喂 3 d。

十四、软壳病

1. 病因

小龙虾体内缺钙。另外，光照不足、pH 长期偏低，池底淤泥过厚、虾苗密度过大、长期投喂单一饲料，蜕壳后钙、磷转化困难，致使虾体不能利用钙、磷均可诱发此病。

2. 症状

虾壳变软且薄，体色不红或灰暗，活动力差，觅食不旺盛，生长速度变缓，身体各部位协调能力差。

3. 预防方法

冬季清淤、暴晒，用生石灰化水彻底清塘。放苗后，每 20 d 用 25 mg/L 生石灰化水泼洒。控制小龙虾放养密度和水草种植面积，水草面积一般占水面总面积的 40%~50%。投饲多样化，适当增加含钙饲料。

4. 防治方法

（1）每月用 20 mg/L 生石灰化水全池泼洒。

（2）用鱼骨粉拌新鲜豆渣或其他饲料投喂，每天 1 次，连用 7~10 d。

（3）每隔 15 d 全池泼洒 0.25 g/m³ 消水素（枯草杆菌）。

（4）饲料内添加 0.3%~0.5% 蜕壳素，连续投喂 5~7 d。

十五、蜕壳不遂

1. 病因

生长的水体中缺乏钙等矿质元素。

2. 症状

小龙虾在其头胸部与腹部交界处出现裂缝，全身发黑。

3. 预防方法

每 15～20 d 用 25 mg/L 生石灰化水全池泼洒；每月用过磷酸钙 1～2 mg/L 化水全池泼洒。

4. 治疗方法

饲料中拌入 0.1%～0.2% 蜕壳素或拌入骨粉、蛋壳粉等增加饲料中钙质。

第六章

小龙虾起捕运输

第一节 捕 捞 方 法

一、苗种捕捞

可以用虾笼或地笼进行捕捞。通常在每年的3—5月或11—12月。地笼捕捞时，地笼两端拉直固定，笼体要放平，笼内投放少量动物性饵料作诱饵；也可用抄网在水草底部进行抄捕或拉网捕捞。

二、商品虾捕捞

稻虾综合种养的适时捕捞商品是种养产生效益的关键。如果密度大，不及时捕捞，遇到天气突变，易引起小龙虾缺氧死亡。性成熟的小龙虾也要及时捕捞（每年3—4月越冬的亲虾，不要惜售，一般5月初先死的大虾大部分是越冬的亲虾）。一个养殖高手，必定是一个捕捞专家，好的养殖户必定会在整个养殖过程一直忙着捕虾、卖虾，整个捕捞过程可持续3~4个月甚至更长的时间。

1. 捕捞原则

前期捕大留小、捕大补小，一边捕捞，一边补充投放虾苗（补充捕捞量的20%）。早期是捕红、留青白，后期（7—8月）是捕小留大，目的是留足下一年可繁殖的亲虾。注意千万不要因为价格低而惜售，长期囤养，更不能按养鱼思路年底再卖。

2. 捕捞方法

前期可增大地笼网眼，选择4 cm以上网眼的地笼（多采用地笼尾部网袋为双层，笼身及尾部外袋用1.8~2.5 cm网眼，尾部内袋用

4.0～4.5 cm 的网眼，需要捕小可将外袋扎紧，既可捕大留小，又可捕苗），只捕大虾，让小虾从网眼跑出去，既减轻捕捞对幼虾的影响，又减轻劳动强度。每公顷安装 15～22 m 的虾笼 15～30 个。

　　稻虾综合种养虾的捕捞可分为成虾、亲虾和幼虾捕捞。成虾第一茬捕捞时间从 4 月上旬开始，到 6 月上旬结束；第二茬捕捞时间从 8 月上旬开始，到 9 月底结束。捕捞工具主要是地笼。地笼网眼规格为 3.5～4.0 cm，保证成虾被捕捞，幼虾能通过网眼逃脱。捕捞时，将地笼放于稻田及虾沟内，每隔 3～5 d 转换地笼摆放位置，当捕获量比开捕时有明显减少时，可排出稻田中的积水，将地笼集中于虾沟中捕捞。

　　上市的成虾要坚持合理捕捞，做到上半年捕大留小，下半年捕小留大、保种。一要围绕市场需求、销售价格、季节，进行合理的捕捞。二要做到在市场有需要的时候卖，没有需要的时候也要卖。所谓有价格的时候卖的是钱，没有价格的时候卖的是空间。大的卖出去了，把空间留给规格小的虾，可有效促进小规格的虾继续长大。三要有计划地错峰上市。早春上市要比五六月上市的价格高，夏季和冬季能上市价格也高。成虾捕捞没有具体的时间，达到计划的规格就可以捕捞上市。

　　亲虾捕捞一定要慎重，通常在 11 月先捕捞已完成交配的雄虾，雌虾则继续留池养殖，因为所捕获的雌虾是否已产过卵从外观很难鉴别，所以雌虾应留到翌年 3—4 月孵幼结束后再进行捕捞，此时用大网眼地笼诱捕亲虾，可提高幼虾的成活率和产量。亲虾捕捞网目规格为 4 cm。

　　从 3 月中下旬开始，可进行幼虾捕捞，通常用小网眼地笼捕捞，捕出的幼虾应及时销售和放养。幼虾捕捞网目选用密网目。

　　3. 捕捞注意事项

　　（1）捕捞就是用虾换钱。若小龙虾不断死亡，应降低养殖密度，此法是治疗虾病的最好办法。

　　（2）地笼要隔 5～7 d 移动一下位置，以增强捕捞效果。当捕获量减少，可以适当将地笼暴晒 1~2 d，清除网眼内的青苔和附着物。也可适当加注些新水，增加溶解氧含量和小龙虾的活力。

（3）不断改善水体环境，提高捕捞效果。如果捕获量继续减少，可采用换水增加水体氧气。

（4）成虾捕捞常用的地笼根据养殖稻虾田的大小来决定。如果稻虾田在 1.33 hm² 以上，建议用地笼围阵方式捕捞，笼身用 1.8~2.5 cm 网眼，可捕大留小，也可捕苗。

总之，小龙虾养殖不仅是靠养殖技术提高产生经济效益，还要靠不断的捕捞才能赚到钱。

4. 莲田种养小龙虾捕捞方法

小龙虾的捕捞时间是由种苗放养时的规格大小和投放的批次来决定的。一般在 6 月下旬后可分批分次捕捞，实行捕大留小是降低成本、增加产量的一项十分重要的措施。捕捞小龙虾的工具一般采用 2 cm 以上网眼的虾笼或地笼进行捕捞。傍晚放笼，第 2 d 清晨收笼起捕，有条件的可在笼中投放一些诱饵，这样的捕捞效果更好。实践证明，凡是莲田套养小龙虾的田块一般采用人工挖藕最佳，这样不仅收获了藕，还收获了大规格的小龙虾。养小龙虾的莲田不宜采用高压水枪冲挖，因为这样会影响小龙虾的捕捞。

三、捕捞网具

1. 地笼捕捞

常见的是用网片做的软式地笼，每只地笼长 20~30 m，10~20 个方形的格子，每个格子间隔的两面带倒刺，地笼上方织有遮挡网，两头圈分别为圆形或前端为方形、后端为圆形。地笼以有结网为好，虾从入口进入后不能出来。不同大小网目的地笼能捕捉不同规格的虾，收获时，捕虾者只需要从水中提出地笼将虾倒入容器即可。

每天上午或下午把地笼放到虾塘的边上，里面放腥味较浓的鱼、鸡肠等物作诱饵。傍晚小龙虾出来觅食时，闻到异味，寻味而至，撞到笼子上，地笼上方有网挡着，爬不上去，便四处找入口，钻进地笼。进入地笼的虾滑向笼子深处，成为笼中之虾。这种捕捞方法适宜野生小龙虾的捕捞和池水较深的小龙虾捕捞。

2. 新型地笼捕捞

新型地笼是专门针对池塘虾蟹混养特点而设计的。新型地笼主要由笼头、笼身（圆筒网衣）、笼架、笼尾、光滑板和固定杆等6部分组成。光滑板安装在笼尾的腹部（下半部分）。新型地笼作业时，首先将笼头投入池塘近中央处，依次放出笼身（圆筒网衣围绕笼架制作而成）和笼尾。笼尾固定在固定杆水面上端30 cm处，且光滑板正好在水面之上。固定杆固定在池塘岸边。笼尾敞开不封闭。

池塘虾蟹混养的小龙虾上市时间为4—8月，而河蟹上市通常在10月以后。在小龙虾上市期间，及时对小龙虾进行轮捕，既能获得小龙虾的高产，又可减轻池塘压力，利于年底河蟹的丰产、丰收。用常规的地笼捕捞小龙虾，河蟹也会爬入其内，不但与小龙虾相互残杀，造成损失，而且增加分拣的难度，费工费时。因而，生产者急需一种能够选择性捕捞小龙虾的网具。

新型地笼就是根据小龙虾与河蟹不同的攀爬行为来设计的。观察发现，小龙虾不具备向上仰卧攀爬的能力，河蟹则相反，其仰卧攀爬能力很强。因此，在笼尾增设一块光滑板，捕捞时不封闭笼尾。当小龙虾和河蟹进入地笼后，河蟹会沿着笼尾背部（上半部分的网片）自行爬出，小龙虾则只能往笼尾腹部（下半部分的网片）即往倾斜放置的光滑板上攀爬，因光滑板的摩擦系数很小，小龙虾不能爬出，这就实现了对小龙虾的选择性捕捞。

3. 其他渔具捕捞

（1）手抄网捕捞　把手抄网上方扎成四方形，下面留有带倒刺锥状的漏斗，捕捞时，在虾塘边沿地带或水草丛生处，不断地用杆子赶，虾进入四方形手抄网中，提起网，虾就捕到了，这种网具适宜用在小龙虾密集的地方捕捞。

（2）虾笼捕捞 用竹篾编成直径 10 cm 左右的"T"字形筒状笼子，两个入口要设置倒须，虾只能进而不能出。捕虾时，在虾笼内放置面粉团、麦麸等饵料，引诱其进笼觅食。以傍晚放置虾笼，清晨收集虾笼取虾效率最高。取虾后按商品规格要求，选大放小。

（3）用集虾球捕捞 集虾球是用竹篾编制成的直径 60~70 cm 的扁圆形空球，内填小竹梢、刨花等，顶端系一塑料绳，用泡沫塑料作浮子。捕虾时，将集虾球放入池塘或其他养殖水域，定期用手抄网将集中于集虾球上的小龙虾捕捞上来。

（4）拉网捕捞 用聚乙烯网片制成类似于捕捞夏花苗的渔网。此网主要用于集中捕捞。下网前先将池水排出大部分，后再用拉网捕捞。

（5）干池捕捞 抽干池塘的水，小龙虾便呈现在塘底，然后人工捕捞。这种捕捞法适宜用在小龙虾大规模上市的季节。

第二节 运 输 方 法

一、运输前的准备工作

为了确保小龙虾运输安全，提高小龙虾成活率，降低运输成本，运输前要做好以下准备工作。

（1）根据运输对象和运输距离选择合适的运输方式。

（2）做好运输器具、充氧、包装设备、交通工具（汽车、火车、轮船、飞机）的货运计划等各项准备工作。

（3）准确计算路途时间，选择适宜的装运密度。必要时，应做装运密度的梯度实验，尤其是在大批量远途运输时，更需要这样做。

二、运输原则

1. 种虾和亲虾运输

种虾或亲虾运输通常采用干法运输，运输时要确保种虾或亲虾不脱水、不受挤压。可用冷藏车或常规的货车运输，但要避免太阳直晒，并在运输过程中每半小时淋水一次，以防脱水。运输时间最好不要超过 3 h，时间越短越好。运输的温度要保持相对稳定，温差不宜过大，最好不要超过 ±2℃。

虾苗运到养殖基地后，要做好缓水处理。经过长途运输的种虾或亲虾，在放养时要进行缓水处理，应将种虾或亲虾运输筐放入池边，取池水间断性的喷淋，每次 1~2 min，重复 2~3 次，以降低应激反应。同时，要做好种虾消毒工作。经过缓水处理后的种虾，用 40 g/L NaCl 溶液浸泡 5~8 min 再进行放养。放养时，要全池多点散开让其自行爬入池中，死虾和活动能力差的虾及时收回。坚持晴天放养，切忌雨天放养。

2. 商品虾运输

商品虾的运输要注意以下三点：一是合理科学进行成虾运输。成虾通常用干运法进行运输，运输工具为聚乙烯塑料筐或塑料泡沫箱，规格为 80 cm×40 cm×30 cm，预留透气孔。成虾装运前将聚乙烯塑料筐或塑料泡沫箱用水浇湿后，再将成虾装箱，加冰盖紧箱盖并打包。每个运输箱可放成虾 10 kg。二是注意不能脱水和过度挤压，每一箱不能装过多的虾，这样可以保证较高的成活率。三是箱内一定要加冰降温保湿，并注意分规格分箱包装。

三、种虾和亲虾运输方法

小龙虾种虾和亲虾的运输有干法运输和带水充氧运输两种方法。

1. 干法运输

多采用竹筐和塑料泡沫箱运输。容器中要先铺上一层湿水草，然后放入部分虾苗，在虾苗上再盖一层水草，再放入部分虾苗。每个容器中可放入多层虾苗。需要注意的是，用塑料泡沫箱作为装虾苗的容器时，要事先在泡沫箱上开数个小孔，防止虾苗因缺氧而窒息死亡。

2. 带水充氧运输

每个充氧尼龙袋中要先放入少量水草或一小块网片，每袋的运输密度为300~500尾，充足氧气，加上外包装箱即可。运输用水最好取自苗种培育池或暂养池的水，水温要与育苗池一致。为避免虾苗自相残杀，包装运输前要投喂一次通过40目塑料网布过滤的熟蛋黄，以虾苗吃饱为准。然后彻底清除虾苗运输箱内的残饵和脏物，保证虾苗计数的准确及运输水质的清洁。

四、商品虾运输方法

1. 干法运输

首先，要挑选体质健壮、刚捕捞上来的小龙虾进行运输。运输容器以竹筐和塑料泡沫箱均可，最好每个竹筐或塑料泡沫箱装同样规格的小龙虾。先将小龙虾摆上一层，用清水冲洗干净，再摆第二层，摆到最上一层后，铺一层塑料编织带，浇上少量水后，撒上一层碎冰。每个装虾的容器要放1.0~1.5 kg碎冰，盖上盖子封好。用塑料泡沫箱作为装虾的容器时，要事先在泡沫箱上开数个小孔。

其次，要计算好运输的时间。正常情况下，运输时间控制在4~6 h。如果时间长，就要中途再次打开容器浇水撒冰；如果中途不能打开容器加水加冰，事先就要多放些冰，防止小龙虾由于在长时间的高温干燥而大量死亡。

装虾的容器不要堆积得太高，正常在5层以下，以免堆积过高，压死小龙虾。小龙虾的储存与运输过程中，死亡率正常控制在2%~4%，超过这个比例，就要改进储运方案。

2. 带水运输

（1）活水车运输 先在车厢内安装活水箱。活水箱多用厚3 mm钢板制作，要求箱体长、宽、高根据情况而定，箱内用钢板隔成3~4格，用于叠放网笼。活水箱上还要装好通气管道，并配备2台小柴油机、1台增氧泵、2只氧气瓶及贮冰箱等设施。网笼用来存放活虾，每个网笼长50 cm、宽15 cm、高12 cm，用圆钢作架，外用聚乙烯网片包缠，网笼上的网片可用拉链铰合，装虾时拉开，装好虾后拉上，防止虾跳出。运输时，先将活水箱内装满水，水质应清新，溶解氧含量高，然后把活虾装入网笼（每个网笼装活虾 8~10 kg）并立即叠放在箱体内，开动增氧泵增氧。一般一个活水箱可叠放 80 只网笼，装运活虾 600~800 kg。运输时，途中要有专人押运，负责管理，确保不停送气增氧，以提高小龙虾的装运成活率。

（2）活水船运输　用相应吨位的活水船，内装活虾进行运输。运输活虾的量应视活水船大小、距离远近和运输时间等灵活掌握。

（3）尼龙袋运输　选用 42 cm×60 cm 的双层尼龙袋，注入 1/3 容量的清新淡水，每立方米水体装活虾 600~1 000 尾，充氧运输。适宜于 12 h 以上的较长距离运输。

（4）带冰运输　称为封闭式充氧降温运输。根据运输距离远近，将 1~2 瓶工业用氧气瓶分别用特制的钢架固定在靠近驾驶室的集装箱两角处，一般一瓶氧气可连续用 3~4 h。同常规鱼类的运输方法一样，依次将减压阀、分流管、细软管接好，以备运输途中随时充氧。

3. 其他运输方法

（1）编织袋运输　采用编织袋运输小龙虾，要在袋下面放 1~2 cm 厚的水草，每袋装虾量为袋容量的 1/3~1/2，并用细绳把袋口扎紧，防止虾外逃。同时，途中每隔 2~3 h 用清洁水喷淋袋面 1 次，保持虾体的湿润性。运输时不可挑、抬或用自行车两侧担运，也不能堆放，以防大部分虾被压伤。这种运输方法不适合长途运输，一般运输时间在 12 h 以内为宜。

（2）蒲包运输　蒲包装运小龙虾，运输量较少，适合短途运输，成活率较高。首先将蒲包和小龙虾冲洗干净，轻轻把小龙虾装入蒲包内，装虾量约为蒲包容量的 1/2。再将蒲包放入帆布篓或木箱之中，加上盖，盖上放少许水草，以免堆积压伤小龙虾。在运输途中，每隔 3~4 h 用清水喷淋 1 次，保持虾体的湿润性。如果在夏季高温时运输，要在盖上放冰块降温，提高小龙虾运输的成活率。

（3）竹篓运输 利用竹篓运输小龙虾是我国农村传统的一种小型运输方法。竹篓装有上盖，可携在人的腰带上，小巧玲珑，有时可作为外捕小龙虾的存放工具，如到市场出售，可背着行走。竹篓体积较小，一般可装虾 4 ~ 5 kg，稍大一些的竹篓可装虾 6 ~ 8 kg。运输时，篓内最好放少许水草，途中每隔 2 ~ 3 h 喷清水 1 次，保持虾体的湿润性，提高小龙虾运输的成活率。该种方法适合在农村随捕随售，简单方便。由于运量少，更适合短距离运输。

第七章

稻虾综合种养实例

第一节　稻虾综合种养典型案例

一、江西省恒湖垦殖场稻田养虾案例分析

近年来，小龙虾已成为人们生活中必不可少的美食，受广大消费者的喜爱和追捧。稻虾轮作模式也在恒湖垦殖场得到迅猛发展，稻田养虾已成为该场主要稻渔综合种养模式，其中有近 533 hm² 采用无环沟小龙虾养殖。据统计，2020 年江西恒湖垦殖场稻虾综合种养面积达 1 667 hm²，平均每公顷获利润达 22 887 元，取得了较好的经济效益和生态效益。为了更好地引导更多新的小龙虾养殖户，少走弯路，成功掌握繁育分离养殖小龙虾技术，分享一位具有代表性的稻田生态养殖小龙虾的成功案例，仅供参考，希望对想从事小龙虾养殖的养殖户有所帮助。

储江红同志是江西省恒湖垦殖场恒波三大队支部书记，从事小龙虾养殖已有 6 年。2019 年底，他敏锐地意识到，单一靠销售小龙虾苗种赚钱的时代已经过去，可 30 g/尾以上大规格商品虾还很有市场。对于养殖 4 年小龙虾的老塘，一旦苗种销售受阻，如果不改变养殖方法，只能靠卖库虾来维持生产经营，要想靠养虾赚钱的确比较困难。2019 年 11 月，水稻收割后，他毅然决定将自己 2.67 hm² 的老虾塘填平环沟，增加小龙虾养殖和水稻的种植面积，采用无环沟模式养殖小龙虾。通过采用药物清除稻田中的种虾和小龙虾苗，再进行解毒处理，以种植伊乐藻、投放虾苗的方式进行无环沟生态养殖小龙虾。2020 年 3 月 15 日和 4 月 20 日分别投放规格为

160～240 尾/kg 本地养虾户生产的小龙虾苗，平均每公顷投放小龙虾苗 525 kg，从 4 月 10 日开始捕虾到 6 月 20 日捕捞结束，共捕获大规格的商品虾 5 912.5 kg，平均每公顷产小龙虾 2 214.4 kg。平均销售价格为 25 元/kg，销售产值 147 812.5 元，总养殖成本 51 600 元，实现利润 96 212.5 元，平均利润为 36 034.6 元/hm²，投入产出比 1：2.86。养殖效果显著。现将储江红同志繁育分离养虾的做法总结如下。

1. 坚持繁养分离稻田标准化改造

水稻收割后，用挖掘机平整环沟，平整稻田，夯实塘埂，保持塘埂高度 100 cm，通过平整环沟，田埂四周的洞穴里基本没有抱卵的种虾。安装好进排水管，维护好防逃网。

2. 坚持池塘清杂，清除多余的小龙虾种苗

将稻田水加高至 40～50 cm，加水时，用 80 目网过滤，以防止敌害生物或鱼卵进入稻田，加水浸泡 7 d，让稻田四周和稻田平台上的种虾出洞，用菊酯类药物将出洞的种虾和虾苗全部杀灭，7 d 后用硫代硫酸钠对稻田进行解毒处理。

3. 坚持栽种并管护好水草

水草是小龙虾栖息场所，又能净化水质，也是小龙虾良好的饲料，要想养好虾，必须要先种好草，2019 年 12 月 25 日购进伊乐藻进行种植，每公顷用草量 225 kg。采用田埂四周 8～10 m 不种草，然后按行距 8～10 m，株距 3～5 m，每行分两排种植水草，每排相隔 1 m。以长成后水草覆盖率不能超过稻田总面积的 50% 为宜。

4. 科学合理放养虾苗

等水草形成一片区域后，可准备放养虾苗（这里要强调一下，水草未长好，不要急于放苗）。放养虾苗 7 d 前，可用微生物制剂进行肥水。经长途运输的虾苗，虾苗放入稻田前 2 h，可全池泼洒抗应激产品对运输的小龙虾进行抗应激处理，以提高虾苗成活率。第一次放苗时间是 3 月 10—15 日，共放养平均规格为 240 尾/kg 的虾苗 500 kg，平均放虾苗 187.5 kg/hm²，大约每公顷放小龙虾苗

45 000 尾。第二次放虾苗的时间是 4 月 22 日，共放养平均规格为 160 尾 /kg 的虾苗 1 000 kg，平均放虾苗 375 kg/hm²，大约每公顷放小龙虾苗 60 000 尾。放养时采用多点、分散投放在水草上，让小龙虾苗自行爬入水中，避免因小龙虾堆积影响小龙虾苗成活率。

5. 强化饲养管理

（1）饲料投喂　选择蛋白质含量为 30% 的小龙虾专用膨化饲料沿田埂四周及稻田中间没有水草处进行投喂。虾苗放养的第 1 天不投喂，第 2 天投喂量为 5 kg（按放养量 500 kg 小龙虾苗计算），即 1%，第 3 天投喂量为 10 kg，即 2%，第 4 天小龙虾应激反应已过，每天投喂量为 20 kg，即 4%，连续投喂 5 d。到了第 9 天，增加投喂量 20 kg，即每天投喂 40 kg，到第 13 天再增加投喂量 20 kg，即每天投喂为 60 kg。以后每隔 4 d 增加投喂量 20 kg，依次类推，饲料投喂到第 25 天左右，可放虾笼进行试捕，抽样检查小龙虾生长情况，为小龙虾出售做准备。

由于小龙虾有晚上摄食习惯，上午投喂全天投饲量的 1/3，下午投喂其 2/3，并根据虾的摄食情况、季节与天气情况灵活掌握投饲量。在投饲中坚持"四定""四看"原则。

（2）水质调控　根据"春浅、夏满"的原则，3—4 月，水温在 30℃ 以下，水位保持在 40~50 m，水温在 30℃ 以上，水位保持在 60~70 m，浅水有利于提高水温，促进水草生长和小龙虾蜕壳；夏季每隔 15~20 d 加注新水一次，同时根据稻田的水质和底质情况每 15 d 全池泼洒一次 EM 菌，用钙离子每 20 d 补钙一次。另外还要根据天气、水温、水质变化状况及时进行调整，适时加水、换水，为小龙虾营造一个良好的养殖环境。

（3）做好水草日常管护及疾病防控工作　每日坚持早晚巡塘一次，检查小龙虾的摄食情况、水质变化情况，发现问题及时采取措施。高温季节要经常检查水草生长及老化情况，做到草长水涨。一旦水草长出水面要及时打头，防止水草开花老化。在严格控制小龙虾养殖密度的情况下，要始终把捕捞放在第一位。对于小龙虾疾病坚持"以防为主、防治结合"的原则，同时严防敌害生物，做好防逃、防盗工作。

6. 适时捕捞

从 4 月 10 日开始试捕，到 4 月 13 日正式捕捞，通过捕大留小方式，降低水体养殖密度，到 4 月 22 日连续捕捞 10 d 后，第一批放苗的 80% 以上成虾都捕捞完毕，再开始放养第二批虾苗，到第二批虾苗放养 10 d 后，5 月 31 日又开始捕捞，一直到 6 月 20 日捕捞结束，开始种植水稻。

7. 投入产出比分析

（1）产量与收入　从 4 月 13 日开始根据市场行情和小龙虾的生长情况，用虾笼采取捕大留小的方式进行捕捞。至 6 月 20 日捕捞结束，共捕获商品虾 5 912.5 kg，平均每公顷产小龙虾 2 214.4 kg。平均销售价格为 25 元 /kg，销售收入为 147 812.5 元。

（2）成本　全年总养殖成本为 51 600 元，其中，种苗费 24 000 元（1 500 kg × 16 元 /kg），饲料费 23 500 元（4.7 t × 5 000 元 /t），其他费用 4 100 元（包括水草 500 元、水电费 800 元、动保产品 2 800 元），在整个养殖过程中没有算人工成本。

（3）效益　总销售收入扣除生产成本，实现利润 96 212.5 元，平均每公顷利润为 36 034.6 元，投入产出比 1∶2.86。

8. 小结

坚持繁育分离是养殖成功的关键所在。通过对无环沟养殖稻田标准化改造后，通过种植水草，营造适合小龙虾生长的生态环境，再通过精细化管理，做到稻田养虾密度可控，密度可控即可降低小龙虾发病率，这样就有利于提高小龙虾产量，有利于养成规格虾，对提高小龙虾卖价，提高养虾效益益处多多。由于没有环沟，稻田面积占用较少（田埂面积占稻田总面积的 3% ~ 5%），从而保证水稻每公顷产量都能稳定在 7 500 kg 以上，对稳定国家粮食产量具有重要意义，符合国家稻虾产业发展政策，真正实现了"一水两用、一田双收"，是一种农业生态循环发展的好模式，经济效益十分显著，值得推广应用。

二、江西省吉水县盘谷生态农业发展有限公司稻虾综合种养案例分析

通过流转土地，将江西省吉水县盘谷镇、枫江镇低洼撂荒田打造成阡陌纵横的"万亩粮田"；因地制宜，将易涝低产农田变身为同江万亩稻渔产业园的稻虾共作、稻蟹轮作示范基地，先后获评省级现代农业示范园、国家级水产健康养殖示范场（稻渔综合种养类）。这家企业就是吉水县盘谷生态农业发展有限公司，一个用"虾兵蟹将"拓宽产业新路的市级农业产业化龙头企业。

2017 年，吉水县盘谷生态农业发展有限公司在盘谷镇成立，以"产地生态、产品绿色、产业融合、产出高效"的定位，致力做强传统农业，助力乡村振兴，创新推广"稻虾共作""稻蟹轮作"等种养模式。现已建成稻虾共作 333.3 hm²、稻蟹轮作 133.3 hm²，是江西省最大的稻渔综合种养示范基地之一。5 年来，年收益逐年提高，用"虾兵蟹将"撑起了当地农业产业。

1. 荒田变良田，向土地要发展

每年 4 月 9 日，位于赣江边的同江万亩稻渔产业园稻虾示范基地里，一片繁忙。很难想象，4 年前，这里还是十年九不收的易涝低产田，因为效益低下，大多处于撂荒状态。

借助峡江水利枢纽工程，吉水县对盘谷镇易涝低产田实施高标准农田改造，陆续将一批低产农田改造成高标准农田。2017 年，盘谷镇顺势而为，将改造后仍处于荒芜状态的农田进行土地流转，先后邀请湖北、江苏和江西九江等地的稻虾种养专业户来考察。来自九江的王银，就是前来考察中的一位。

实地考察时，王银发现临赣江的农田很适合发展稻渔综合种养产业，可以实现"一水两用、一田双收"，土地效益可以得到更好利用，农业发展空间也扩大了。他决心向土地要发展，首期流转土地 453.33 hm²，多方筹资解决基础建设投入大的难题。通过政府政

策支持，王银注册成立的吉水县盘谷生态农业发展有限公司走上发展之路。

2. 单种变多样，向空间要效益

"如何快速壮大企业发展，助力乡村振兴，发挥农业企业应有的作用？"这是吉水县盘谷生态农业发展有限公司团队经常思考的一个问题，一个稻渔综合种养立体式种养殖农业发展模式逐渐清晰起来。

2018 年 6 月，吉水县盘谷生态农业发展有限公司负责人王银注资成立了吉水县润泽养殖专业合作社，采取"公司＋合作社＋基地＋农户"的模式发展稻渔综合种养产业。合作社位于吉水县盘谷镇同江村，总投资 2.5 亿元，发展稻渔综合种养 400 hm²。在政府部门的大力支持下，该公司（合作社）多方筹集资金 5 000 多万元，疏通修缮进排水渠 26 km，新架设电力线路 95 km，新建提灌站 5 座，新修水泥路 25 km 等。

同时，为保证稻虾产品质量安全，该公司（合作社）建立了农产品质量安全追溯制度，注册了"井赣""井太狼"等商标；还聘请上海海洋大学、华中农业大学教授专门从事清水大闸蟹和清水小龙虾养殖技术的研发与推广。

通过建立"稻渔共生"的生态循环系统，以养殖代谢物和生物肥料代替传统化肥，大大提高稻田中能量和物质循环再利用的效率，同时养殖的虾蟹又能消除稻田害虫幼卵和杂草，减少病虫草害的发生，实现稻养虾、蟹肥稻。公司（合作社）稻虾共作每公顷产有机稻 6 000 kg，小龙虾 2 250 kg，每公顷平均利润达 79 500 元，是传统种植业经济效益的 4～5 倍；年产清水小龙虾 800 t、清水大闸蟹 200 t、有机稻谷 5 000 t、绿色有机鱼 300 t。

如今，吉水从无到有，从小到大，发展了 3 333.33 hm² 稻渔综合种养基地，建立稻渔综合种养基地 96 个，成立了吉水县稻渔综合种养产业协会，并带动当地商贸、餐饮等相关产业发展，全县新增龙虾餐饮店 80 多家，先后获得中国清水小龙虾之乡、全省整县推进稻渔综合种养示范县等称号。

3. 致富变共富，向产业要成效

一枝独秀不是春，万紫千红春满园。该公司（合作社）在推进稻渔综合种养核心区建设过程中，设置了可容纳 200 人的多媒体产业培训教室、2 000 m² 的产业车间，并按照产业"六个一"模式，与盘谷镇 14 个村委会、507 户农户签订入股协议，每个村委会每年可分红 2 万元、每户每年可分红 500 元，同时还聘请 150 多位村民到稻渔共作基地务工，帮助他们走上了富裕之路。

为深入挖掘稻渔综合种养"一水两用、一田双收"潜力，充分发挥稻渔综合种养优势，保障粮食安全，增加农民收入，该公司（合作社）大胆试点"1+2+N"模式，将基地按每块 2.0 ~ 3.3 hm² 划分为标准化综合种养单元，每户社员承包 1 ~ 2 个单元。按照统一品种、统一管理、统一服务、统一销售、统一品牌的"五统一"模式，进一步提高了稻渔综合种养组织化、标准化、产业化程度。在技术上，免费对稻虾共作、稻虾连作、稻田养蟹农户提供技术培训和指导。在风险防控上，协调保险公司，为养殖户开展虾蟹政策性保险，降低养殖风险。在延伸产业链上，抢抓时机，率先创建了"同江大闸蟹""清水小龙虾""井赣虾王"等品牌营销专卖及餐饮服务店、电商旗舰店，产品经过品质分类后进入"井赣水产"品牌专卖店进行销售，基本构建了"合作社＋基地＋农户"产销一体化产业链。该合作社已成为吉安市乃至江西省品牌引领标杆合作社。

4. 付出得到回报

该公司（合作社）立体式种养殖模式，取得了良好的社会效益，生产的水稻被认证为"有机农产品"，"井赣"螃蟹先后荣获 2019 年、2020 年"王宝和杯"全国河蟹大赛金蟹奖、最佳种质奖、蟹王奖和金蟹奖，而且蟹王重量为历届蟹王之最。同时还获得了 2019 年第三届鄱阳湖清水大闸蟹评比最佳口感奖，2020 年第二届江西"生态鄱阳湖　绿色农产品"（南昌）博览会金奖。

三、江西润田生态农业有限公司无环沟稻虾综合种养新模式案例分析

江西润田生态农业有限公司结合多年养虾经验，通过学习和与行业专家沟通，打破传统的稻虾模式，2020年尝试开展无环沟稻虾综合种养新模式。种养结果表明此种养模式值得大力推广，优点特别多。不与农业争地，不与稻田种植争时，投入少，出虾早，病害少，米质优，效益高。2020年，该公司79 hm²无环沟综合种养共收获小龙虾98 500 kg，实现产值295.5万元，实现利润192.02万元，平均每公顷利润24 306元。这仅仅是小龙虾养殖的利润，种植水稻的利润还可以负担田租。该公司主要体会如下。

1. 不争田，不争时

种养新模式不需要开挖环沟，根据稻田田块的高低，平整的田块做大块，落差大的做小块，只要把田块周围加高到0.8 m，面宽度1 m就可以。在田埂上设置进水管，排水管设在田块的另一端，均不占稻田的面积。每年的冬季和春季蓄水养虾，夏季和秋季放水种植中稻或晚稻，实现"一季稻、一季虾"的综合种养，粮食单产不仅不会降低，而且会提高产量。

2. 投入少，效率高

开挖成本低，利用稻秆还田，变废为宝，增加土壤肥力，丰富水中饵料生物，节省小龙虾的饲料投喂；再利用小龙虾的粪便，减少水稻肥料的使用，可有效降低综合种养成本，提高种养效益。合理虾苗养殖密度和规格，充分利用不挖沟、稻田初春水温升温快且稳定的特点，加快小龙虾的生长，达到早上市，抢占市场的价格，增加效益。

3. 周期短，病害少

"要想大虾上市早，投苗必须早"，无环沟的稻虾综合种养最大的特点就是做到繁育和养殖分开进行，能有效把控投苗的时间、数量、规格，大规格小龙虾可提早上市，避开高温养殖。冬季或初春

就开始投放大规格的虾苗，出虾的时间自然就会提早，未进入高温季节小龙虾就基本卖完。气温适宜季节，水温适度，小龙虾生长正常且不容易发病，更不需要用任何药物，动保产品用量很少。这样成本投入少，虾卖得早价格好，效益自然会提高。

4. 既生态，又环保

稻秆还田，物质可循环利用，既不损坏土地，又维护稻田肥力。"一季稻、一季虾"的综合种养模式，不仅生态环保再利用，而且土地得到有效的休整，水田土壤更加肥沃。整个生产过程，除会使用少量的熟化有机肥外，化学肥料用量明显减少或不使用化学肥料。

5. 米质优，卖价好

化学肥料及农药的使用减少，使得米质更加生态、优质，口感更好，价格得到大幅提高。

6. 带动强，发展快

无环沟稻虾综合种养新模式，投入少，易操作，带动强，农户能养得起，可达到发展乡村振兴的目标。

四、江西省余干县现代农业示范园稻虾共作基地案例分析

余干县现代农业示范园稻虾共作基地由政府主导、企业主体、产业融合，通过高标准农田项目建设，整体规划设计，高起点集中连片 2 000 hm² 稻虾共作基地，利用鄱阳湖优质水质和小龙虾原生种质资源进行繁育和养殖，积极打造鄱阳湖虾蟹产业和绿色生态农业，培育了江西能华农业发展有限公司、康垦现代农业发展有限公司等 66.67 hm² 以上的龙头企业合作社 6 家。其中龙头企业江西能华农业发展有限公司投资 1 200 万元在农业园区稻虾综合种养基地建立起 200 hm² 的小龙虾标准化养殖基地，包括优质虾、蟹良种繁育基地 33.33 hm²，商品小龙虾养殖示范基地 166.67 hm²。虾、蟹良种繁育基地主要繁育、选育、培优鄱阳湖小龙虾品种，开展虾、蟹综合混养；小龙虾养殖示范基地开展小龙虾高产、高效、绿色池塘

精养，实现标准化、规模化、集约化养殖。

2018年以来，公司坚持"生态、绿色、循环、集约"的发展理念，按照"公司＋合作社＋基地＋养殖户"模式发展稻虾共作1 000 hm²，实现"一田双收，稻渔双赢，生态绿色"。稻虾共作基地增加生态优质小龙虾1 570 t，生态绿色稻7 500 t，产值1亿元以上，实现平均单产水稻7 500 kg/hm²，小龙虾1 650 kg/hm²。与单纯种植水稻相比，单位面积化肥使用量减少45%、农药使用量减少35%以上，虾蟹饲料投入量与池塘精养相比减少30%以上，平均每公顷增加利润30 000元以上，稻虾基地直接带动200户养殖户年均增收3 000元，辐射带动全县5 000余人从事小龙虾养殖、加工、餐饮等产业。

2019—2020年，公司着手发展休闲农业，已投入400多万元建设稻虾休闲观光园，建设停车场、拓宽道路、引路入户、绿化田间地头、美化景观节点、新建旅游公厕等。发展休闲观光＋捕摘体验＋美食农业，促进三产融合。引导周围村民经营农家乐、生态采摘园、特色民宿等，举办各类特色渔业活动（休闲垂钓、快乐捕鱼虾、传统渔技和美食、鄱阳湖龙虾节等），努力建成鄱阳湖地区最具鄱阳湖渔业特色的休闲观光农业园。

五、江西省九江凯瑞生态农业开发有限公司稻虾蟹综合种养案例分析

从2016年开始，彭泽县以九江凯瑞生态农业开发有限公司为创建主体，在彭泽县稻渔综合种养重点地区，开展国家级稻渔综合种养示范区创建，集成示范稻渔综合种养先进技术模式，建立健全稻渔综合种养产业体系、生产体系和经营体系，深入挖掘稻渔综合种养"一水两用、一田双收"潜力，充分发挥稻渔综合种养保障粮食安全、增加农民收入、提升农渔产品质量安全、改善生态环境和促进三产融合等作用，创建一批标准化生产、规模化开发、产业化经营、品牌化动作的稻渔综合种养示范区，示范区内率先实现养殖

业转型升级，绿色发展，并辐射带动周边发展。通过国家级稻渔种养示范区创建，提升彭泽县农业产业的核心竞争力，助力打造稻虾蟹综合种养产业的全国乃至国际知名品牌。

九江凯瑞生态农业开发有限公司彭泽稻渔综合种养基地，位于彭泽县太泊湖农业综合开发区马当镇、浪溪镇区域，整个示范区规划面积 1 000 hm²，其中稻蟹综合种养基地 306.67 hm²，稻虾综合种养基地 666.67 hm²，稻渔综合种养基地 26.67 hm²。辐射带动周边发展稻虾共作面积 333.33 hm² 以上。公司坚持以绿色发展为主线，深入推进渔业供给侧结构改革，大力推进稻田综合种养、渔粮间作、虾蟹套养、多品种混养等生态健康养殖，积极探索规模化养殖、产业化经营、品牌化运作之路，着力做大做强鄱阳湖稻虾蟹等优势产业，努力把基地打造成创新示范区、生态高效区、品牌培育区。

公司采取试点"1+2+N"开发，将基地按每块 2.0～3.3 hm² 划分为标准化的综合种养单元，聘请江苏、浙江、安徽、台湾等地水产养殖专家，与南昌大学、九江市水产科学研究所合作开展技术攻关，不断开展水稻品种及种植技术比较、水产品品种组合筛选、防鸟防盗设施改良与优化、稻田农闲期小龙虾安全高效养殖、河蟹生态高质养殖及病虫害应急预警与防控技术等内容研究，模拟鄱阳湖生态水系积极探索稻渔综合种养，套养大闸蟹和小龙虾等特种水产品，经过不断的总结完善，博采众家之长，突破了稻虾蟹综合种养关键技术，通过建立"稻渔共生"的生态循环系统，以养殖代谢物和生物肥料代替传统化肥，大大提高了稻田中能量和物质循环再利用的效率，同时养殖的虾蟹又能帮助消除稻田害虫的幼卵和杂草，减少病虫草害的发生，实现稻养虾、蟹肥稻、虾肥蟹、美稻香，农药、化肥使用量分别减少 90% 和 75% 以上，稻虾共作每公顷产有机稻 6 000 kg，小龙虾 2 250 kg，平均每公顷利润达 79 683 元，经济效益是传统种植业的 4～5 倍，形成了与当地自然条件和资源相适应的"一水两用、一田双收"典型技术模式，促进了产品质量和农业效益同步提升。

公司在推进稻渔综合种养核心区建设过程中，始终坚持典型引领、示范带动、规模推进，目前基地已高标准建成了太泊湖、浪溪两个稻田养虾蟹规模 200 hm² 以上示范区，辐射带动周边农户 2 656户。示范区内通过联合、发展专业合作社和家庭农场等新型农业经营主体，按照统一品种、统一管理、统一服务、统一销售、统一品牌的"五统一"模式，进一步提高稻渔综合种养组织化、标准化、产业化程度。在技术上，免费加强对稻虾共作、稻虾连作、稻田养蟹农户的技术指导，主动为养殖户提供产前、产中、产后全程技术培训和跟踪服务，确保基地产品品质优良、质量安全可靠。在风险防控上，主动协调保险公司，为养殖户开展虾蟹政策性保险，降低养殖风险，并对 2016 年水灾损失严重的养殖户贷款进行信誉担保。在延伸产业链上，抢抓时机，率先创建了"鄱阳湖大闸蟹""鄱阳湖虾城""鄱阳湖虾王"等品牌营销专卖及餐饮服务店、电商旗舰店，生产产品经过品质分类后进入"鄱阳湖水产"品牌专卖店进行销售，基本构建了"公司＋基地＋农户"的产加销一体化产业链，公司已成为九江市乃至江西省"鄱阳湖大闸蟹"品牌引领标杆企业。

公司将积极策应省、市、县建设美丽中国江西渔业样板、做大做强鄱阳湖水产产业、打造全国现代农业（水产）示范园的要求，以"生态鄱阳湖，绿色水产品"为主题，以实施品牌兴渔战略为抓手，适度扩大基地生产规模，不断完善基地配套设施建设，力争利用 3～5 年时间，辐射带动周边县区发展基地至 6 666.67 hm²，建设 10 000 t 冷链、1 000 t 精深加工厂、20 000 t 虾蟹饲料厂，带动农户 1 300 户，实现销售收入超 10 亿元、周边农户收入翻番增长，促进三产深度融合发展，示范引领鄱阳湖优势水产品品质和规模双提升，为鄱阳湖水产区域公用品牌的唱响、为美丽中国江西农业样板的建设做出更大贡献。

第二节　莲虾综合种养典型案例

一、实施单位基本情况

实施单位为广昌县雯峰农业科技有限公司，位于江西省抚州市广昌县甘竹镇图石村，莲虾综合种养面积为 133.33 hm²。公司采取"公司＋合作社＋农户"合作经营模式，形成莲（稻）虾共作生态循环农业产业链。目前已形成了 40 hm² 核心莲虾、稻虾种养观光带及农家乐餐饮、垂钓、采摘等服务设施。带动农户 43 户，解决长期就业 60 余人，打造产业联动新型生态农业园。

二、生产和收获情况

该公司生产的莲、虾都是有机产品，莲虾综合种养过程中不施化肥，以农家肥、有机肥为主，造就特殊的生态链，雯峰有机虾大约卖 60 元/kg，比同期市场虾的价格高 20% 左右，有机生态干莲产量在 450 kg/hm² 左右，比传统的种养方式产量低了 10%，但有机莲的价格却可以卖到 160 元/kg 左右；比传统莲多卖出 80 元/kg 左右。从而达到增产增收的目标。

2020 年，公司核心基地通过应用莲虾、稻虾综合种养模式，取得了较好的经济效益、生态效益和社会效益。

模式一：稻虾综合种养模式 12 hm²，经测定每公顷产优质水稻 9 750 kg（二季再生），小龙虾 1 650 kg，共收获优质水稻 117 000 kg，产值约 35.1 万元；小龙虾 19 800 kg，产值约 99 万元，两项合计产值约 134.1 万元，除去人员工资、种苗、种子、饲料、有机肥等费用，每公顷纯收入约 80 925 元。

模式二：莲虾综合种养模式 28 hm²，经测定每公顷产有机白莲 450 kg、小龙虾 1 650 kg，共收获有机白莲 12 600 kg，产值约 201.6 万元；小龙虾 46 200 kg，产值约 231 万元，两项合计产值约 432.6

万元，除去人员工资、种苗、种子、饲料、有机肥等费用，每公顷纯收入约 91 200 元。

三、主要技术措施

1. 白莲的种植技术

（1）莲田选择 选择阳光充足，水源条件好，排灌方便，水质符合《渔业水质标准》（GB 11607—1989），保水力强，土质肥沃，土壤有机质含量高，耕作层在 20～30 cm，pH 为 5.5～7.5，不受洪水冲击和淹没的田块。

（2）莲品种的选择 选择能体现白莲传统特点，抗病性强，产量高，品质好的品种，如'太空莲'系列品种、'建选 17 号''赣莲 62 号'等。

（3）种藕移栽。

① 种藕消毒 选用 50% 多菌灵 500 倍喷洒种藕，并覆盖薄膜闷种 12 h，或在田角围出一小块，用 1 000 倍多菌灵浸种 2～3 h。

② 移栽时间 每年的 3 月下旬至 4 月上旬（养殖小龙虾的移栽时间可在 4 月上中旬），气温稳定在 15℃ 以上，晴暖天气挖种移栽。

（4）合理密植 每公顷田块种植 3 000～4 500 个种藕，单株种植株行距为（1.0～1.5）m×2.2 m，"品"字形种植株行距为（2.0～2.5）m×（3.3～4.0）m。

（5）中耕除草 当莲鞭抽生立叶时开始中耕除草，先将莲田水排干，拔尽草中耕，一般每隔 15 d 左右进行一次，至莲株封行时结束，注意避免损伤踩断莲鞭及芽鞘，生长期不能使用除草剂。

（6）水分管理。

① 莲田灌水原则遵循"浅－深－浅"，移栽后至 6 月前保持 5～10 cm 的浅水，若莲田养鲤、鲫、草鱼可将水位提高至 20～30 cm，7—8 月灌 20 cm 左右的深水，9 月以后恢复灌浅水。

② 要求做到浅不露泥，深不过足，水位切记忽涨、忽跌和淹没荷叶。

（7）施肥。

① 白莲所需氮、磷、钾三要素肥配比为 10：5：7。

② 施肥应以有机肥为主，化肥为辅，化肥必须与有机肥配合施用。

③ 肥料的施用要符合《绿色食品　肥料使用准则》（NY/T 394—2021）。

a. 基肥：基肥施用总量为每公顷施有机肥 30 000 kg，有机肥可在春节前后犁耙施入，同时每公顷撒施生石灰 750 kg。并在移栽前最后一次犁耙施入硼砂 30 kg，硫酸镁 90～120 kg，石膏粉 120～150 kg。腐熟的有机肥也可以在长出 2～3 片立叶时均匀铺撒在莲田。

b. 追肥：追肥以速效肥为主，可根据田块土壤的肥力和白莲生产状况，在立叶期、始花期、花莲期及采摘后期分期施入，施用的肥料以尿素、三元复合肥、硫酸钾配合施用，或单施白莲专用肥。立叶肥在 5 月上旬前后施白莲专用肥 45～60 kg/hm^2；始花期施白莲专用肥 300 kg/hm^2；花莲肥每 10～15 d 施一次，一般每公顷用尿素 105 kg、硫酸钾 45 kg、氮磷钾三元复合肥 225 kg 或白莲专用肥 375 kg。连施 5～6 次，壮尾肥（后劲肥）根据白莲长势补施，每公顷施尿素 75 kg、硫酸钾 37.5 kg。

（8）白莲的主要病虫害及防治　白莲危害比较严重的病虫害主要有莲纹夜蛾、莲缢管蚜、莲叶斑病、莲褐斑病、莲腐败病。

① 莲纹夜蛾防治方法　a. 人工捕杀，抓幼虫除卵块；b. 灯光诱杀，利用成虫的趋光性，安装灯光诱杀；c. 使用性引诱剂诱杀雄虫；d. 采用糖醋诱杀，糖 6 份，醋 3 份，白酒 1 份，水 10 份加适量敌百虫装于盒中，天黑时放置莲田中诱杀，每公顷放 15 盒；e. 天敌防治，放蜂捕杀；f. 药剂防治，每公顷用甲氨醛、阿维菌素、3% 苯甲酸盐微乳剂 5～10 mL 兑水 25～30 kg 喷雾，或用 25% 灭幼脲悬浮剂 80 mL 兑水 25～30 kg 喷雾。

② 莲缢管蚜防治方法　a. 物理防治，利用蚜虫对黄色有较强

趋性的特点，在田间设置黄板上涂机油或其他黏性剂诱杀，每公顷设置 300～450 块黄板，黄板高出荷叶 20 cm 左右，当黄板面黏满虫体时需要更换新的；b. 利用天敌防治，如瓢虫、草蛉、食蚜虫、小花蝽、蚜茧蜂、蚜小蜂等；c. 利用信息素防治，将蚜虫信息素滴入一棕色塑料瓶中，把瓶子悬挂在莲田，下方放置水盒，水中加入敌百虫等农药，使诱来的蚜虫落水而亡；d. 采用草木灰驱避，用草木灰 10 kg 放入 50 kg 清水中浸泡 24 h 后滤出，液中加入 80% 晶体敌百虫 25 g，混均匀后喷洒，每周喷洒一次，连用 3 次，可有效防治蚜虫及菜青虫；e. 药剂防治，每公顷用 25% 吡蚜酮可湿性粉剂 450～750 g 或 36% 啶虫脒水分散颗粒剂 75～150 g 兑水 375～450 kg 喷雾。

③ 莲叶斑病防治方法　每公顷用 10% 苯醚甲环唑水分散粒剂 1 200 g 兑水 375～450 kg 喷雾。或用 70% 代森锰锌可湿性粉剂 750～1 200 g 兑水 375～450 kg 并加 75 mL 有机硅增效剂喷雾，每周一次，连用 2～3 次，严重的病叶要摘除送出田外集中烧毁。

④ 莲褐斑病防治方法　每公顷用 75% 百菌清可湿性粉剂 375 g 兑水 225 kg 或用 25% 吡唑醚菌酯乳油 75 g 加 75 mL 增效剂兑水 225 kg 拌匀后喷雾，每周一次，连用 2～3 次，严重的病叶及时摘除集中烧毁。

⑤ 莲腐败病防治方法　主要采取农业综合防治方法进行。a. 选用抗病品种，如'太空莲'系列、'建选 17 号''赣莲 62 号'等；b. 防治土壤害虫，在犁耙土地时每公顷撒入米乐尔 15.0～22.5 kg，杀死土壤线虫及食根金花虫；c. 科学施肥，增施有机肥，按比例施用氮、磷、钾肥，适量施用微量元素肥，增强植株抗病性；d. 冬季莲田浸水，莲田长期浸水防治效果可达 75%～100%；e. 实行轮作；f. 施用生石灰，在整地时每公顷施生石灰 750 kg；g. 药剂防治，预防用药时间为 5 月上旬，每公顷用恶霉灵、福美双（莲藕病清）或 50% 多菌灵可湿性粉剂 22.5～37.5 kg 拌潮沙土 750 kg 防治，采用塞兜方法，即每株莲鞭最新二片叶处将药土 100～150 g 塞到根部附

近，一周一次，连用2~3次，把水位降低保持泥皮水，第二天恢复正常水位。

2. 莲田环沟的建设

（1）环沟开挖　莲田环沟开挖，沟宽2.5~3.5 m，沟深1.2~1.5 m，沟坡比1:1.2，环沟的面积占莲田总面积比不超过10%，主干道保持3 m宽通道或开挖"十"字沟。

（2）养殖单元田埂建设　利用开挖环沟的土方加固、加高、加宽养殖单元外围田埂，单元田埂2 m左右即可。

（3）环沟内田埂的建设　在生产过程中为便于白莲（水稻）生长及施肥，应在其内侧建设高20 cm、宽30 cm的内埂。

（4）进排水口的建设　在每个养殖单元两头分别独立设置进排水系统，在进水口终端安装60目的长型网袋；排水口安排在环沟底部一角，并穿过外围田埂将水接入总排水渠道上，在排水管的一端安装好防逃网罩。

（5）防逃设施建设　每个养殖单元应在其外围田埂上建设防逃围栏，防逃围栏采用小龙虾专用围栏，防逃围栏埋入土中20 cm，上面高出田埂50~60 cm。

3. 虾苗的投放

（1）放养前准备。

① 清沟消毒，放苗前10~15 d每公顷用生石灰450~750 kg化水全沟均匀泼洒。

② 施足基肥，放苗前环沟注水60~80 cm，然后施肥培育饵料生物，每公顷施腐熟有机肥4 500~7 500 kg。

（2）放养密度　3月中旬开始放苗，4月上旬结束，一般每公顷放规格100~200尾/kg的小龙虾苗300~375 kg，放苗时一次性放足，9月补放规格20~40尾/kg的种虾150~225 kg，雌雄比为3:1。

（3）种苗消毒　放养时用30 g/L NaCl溶液浸洗消毒，浸洗时间一般在5~8 min，让虾苗自行爬入环沟中。

（4）水质管理 虾田的水质条件要求水体透明度 25～35 cm，水肥活爽，水色为淡绿色或褐色，pH 为 7.2～8.5，水中溶解氧含量大于 5 mg/L，氨氮含量小于 0.5 mg/L，亚硝酸盐含量小于 0.05 mg/L，坚持定期测水，发现情况及时调水解毒，控制好水位。

（5）饲料投喂 根据小龙虾的生长情况，采取相应的投喂方法，养殖初期小龙虾主要依靠天然饵料自行采食，晚上巡田观察小龙虾的生长情况，在天然饵料不足的情况下，适当投喂南瓜、茶粕、优质配合饲料等，投喂量根据虾的食量增减，一般控制在虾重的 1%～3%，投喂时间早晚各一次。定期在饲料中增加光合细菌、免疫多糖、复合维生素增强体质，促进小龙虾快速生长。

（6）病害防治 小龙虾养殖过程中主要是预防为主，常见的病害有纤毛虫病、水肿病、白斑综合征、水霉病、红鳃病、烂鳃病、烂尾病、烂壳病、出血病、软壳病，针对上述病症采取相应的措施防治，防治的药物有纤虫净、聚维酮碘、醛类、生石灰等。

（7）捕捞上市及营销 小龙虾经过一个多月的养殖，部分已达到上市的规格，这时及时捕捞是收获的关键，随着小龙虾的长大将部分达到上市规格的小龙虾捕捞，降低田块小龙虾的密度，有利于小规格虾的生长。小龙虾的营销模式主要有以下几种，一是在大中城市建立销售网点，通过物流快递及时将小龙虾分销各地，另一部分进入本地餐饮市场；二是开展垂钓、休闲、农家乐等活动以促销产品。

4. 投入产出情况分析

每公顷莲田投入（包括莲种和有机肥）6 000 元左右，可以产出有机莲 450 kg，除去人工费用可带来 45 000 元左右的收入。虾苗一般一年投放 2～3 次，每次可收获 3 倍左右的商品虾，每公顷除去人工费用可带来 45 000～60 000 元的收入，莲虾综合种养不仅带动了农民的产业联动，解决了农民的就业，每公顷莲田可以比传统白莲种植多带来 90 000 元左右的产值，实现产业增收。

5. 总结与体会

广昌县雯峰农业科技有限公司通过现代化农业运营，不断进行产业建设，优化合作模式，使莲虾种养产业得到发展和推广。目前，不但实现新型农业产业链，还结合当地旅游资源，将农业生态园融入绿色观光、农耕文明研学的体系中，打造乡村振兴绿色示范点。

第八章

稻虾综合种养营销推广

第一节　稻虾综合种养发展现状

近年来，小龙虾产业呈现爆发式增长，消费市场持续升温，已成为我国最火爆的餐饮食品之一。2019 年，中国小龙虾产业继续保持增长势头，养殖面积和养殖产量再创新高，初级加工高速发展，精深加工不断拓展，消费市场保持火爆，全年供需两旺；但在产业整体扩大发展的同时，价格出现较大波动。总体来看，小龙虾产业未来的发展潜力仍然巨大，但随着产业规模越来越大，加强问题研判、及时提出预警、防止大起大落的需求显得越来越迫切。

2021 年 3 月 19 日，第四届中国（国际）小龙虾产业大会上，全国水产技术推广总站站长崔利锋致辞时介绍，近年来，中国小龙虾产业保持高速发展，养殖面积和产量屡创新高、加工能力和品种不断拓展、消费需求和市场持续火热。2019 年，小龙虾养殖产量占到全国淡水养殖总产量的 7%，养殖范围遍布 23 个省（区、市），小龙虾产业总产值达到 4 110 亿元。可以说，"一只小龙虾，成就了一个大产业"。

随着小龙虾产业的发展，稻渔综合种养技术也蓬勃发展。2019年，全国稻渔综合种养面积中，小龙虾养殖面积占 47.7%，是占比最大的养殖品种。在小龙虾养殖的各种方式中，稻田养殖面积占85.96%，产量占 84.82%。这些数据说明，小龙虾是稻渔综合种养的最重要品种，促进了稻渔产业的快速发展。同时，稻渔综合种养模式也为小龙虾产业发展提供了坚实基础和广阔空间。

2020 年，中国小龙虾产业继续保持良好发展势头，养殖面积、产量、产值再创新高；小龙虾饲料产量、销量持续增加；小龙虾加工业快速发展，精深加工有所拓展，小龙虾调味品异军突起；小龙虾加工新产品、新技术不断创新。据测算，2020年中国（港澳台地区除外）小龙虾产业总产值约为3 490.7亿元，同比下降15.06%。其中，小龙虾养殖业产值约为790.62亿元，同比增长10.19%。以加工业为主的第二产业产值为480.08亿元，同比增长10%。以餐饮为主的第三产业产值约为2 220亿元，同比下降25%。小龙虾第一、第二产业占比增大，但与前些年相比，增速趋于平缓；由于受新冠肺炎疫情的影响，第三产业占比下降较多，但第三产业产值仍占总产值的63.59%。

一、产业规模

2019年，中国（港澳台地区除外）小龙虾养殖总产量达$2.089\ 6 \times 10^{6}$ t，养殖总面积达1 286 000 hm²，与2018年相比分别增长27.52%和14.80%，增幅有所回落。从养殖模式看，小龙虾稻田养殖占比最大，产量为$1.772\ 5 \times 10^{6}$ t，养殖面积1 105 000 hm²，分别占小龙虾养殖总产量和总面积的84.82%和85.96%，占全国稻渔综合种养总产量和总面积的60.46%和47.71%。从全国来看，5个小龙虾传统养殖大省继续保持增长，浙江等起步较晚的省份也开始加速发展，小龙虾养殖业整体快速增长势头不减。2020年，中国小龙虾的产业规模呈现以下三大特点。

一是小龙虾养殖面积继续扩大。据调查，2020年16个小龙虾养殖优秀省（区、市），养殖总面积约为1 538 514 hm²，同比增加176 438 hm²，增长率达11.47%。各地区按面积排序依次为湖北、安徽、湖南、江苏、江西、河南、四川、山东、浙江、重庆、贵州、广西、陕西、福建、黑龙江、宁夏。其中小龙虾养殖总面积超过66 667 hm²的有6个省。2020年，湖北养殖面积是526 667 hm²，安徽养殖面积是324 200 hm²，湖南养殖面积是215 533 hm²，江苏养殖面积是202 000 hm²，江西养殖面积是133 333 hm²，河南养殖面积是 66 667 hm²。其中江苏新增养殖面积约 60 667 hm²，安徽新增养殖面积约为 59 533 hm²，江西新增养殖面积约为 32 667 hm²，湖南新增养殖面积约为 15 533 hm²，河南新增养殖面积约为 3 333 hm²。湖北、安徽、湖南、江苏、江西、河南这 6 个省小龙虾养殖面积总和占全国小龙虾养殖总面积近 95%，显示出我国小龙虾养殖优势区域特别集中。

二是小龙虾养殖产量继续提升。2020 年，有小龙虾养殖产量报告的省（区、市）16 个，报告总产量约为 $2.528\ 8 \times 10^{6}$ t，同比增长约为 17.48%。各地区的产量排序依次为湖北、安徽、湖南、江苏、江西、河南、山东、四川、浙江、重庆、广西、贵州、福建、陕西、黑龙江、宁夏。其中年产量 10^{5} t 以上的是湖北（9.8×10^{5} t）、安徽（4.609×10^{5} t）、湖南（3.595×10^{5} t）、江苏（2.862×10^{5} t）、江西（1.8×10^{5} t）。这 5 个省的产量总和占总产量的 89.63%，另外 4 个产量万吨以上的省是河南（9.02×10^{4} t）、山东（7.96×10^{4} t）、四川（$4.825\ 7 \times 10^{4}$ t）、浙江（2.3×10^{4} t）。河南、山东等省增幅较大。

三是小龙虾养殖产值再创新高。2020 年，有小龙虾养殖产值报告的省（区、市）16 个，报告总产值为 790.622 亿元，同比小龙虾养殖产值增加 10.19%（表 8-1）。各地区的小龙虾养殖产值排序依次为湖北、安徽、湖南、江苏、江西、河南、山东、四川、浙江、重庆、贵州、广西、福建、陕西、黑龙江、宁夏。

二、加工业情况

1. 小龙虾加工规模提升，加工区域集群明显

2020 年，中国小龙虾规模加工企业达 124 家，比 2019 年增加 11 家；规模加工企业年加工量约为 8.809×10^{5} t，比 2019 年增长 7.37%；规模加工企业年加工产值约为 480.071 亿元，比 2019 年增长近 10%（表 8-2）。从总量上看，小龙虾规模加工企业主要集中在湖北、安徽、湖南、江苏、江西五省，其中湖北的加工企业数量

表 8-1 2020 年中国小龙虾养殖面积、产量、产值统计数据

省份	面积 /hm²		产量 / ×10⁴ t		产值 / 亿元	
	2020 年	同比增减	2020 年	同比增减 /%	2020 年	同比增减 /%
湖北	526 667	0	98.000 0	5.76	208.000	−17.79
安徽	324 200	59 533	46.090 0	31.78	160.350	17.55
湖南	215 533	15 533	35.950 0	17.19	125.070	4.53
江苏	202 000	60 667	28.620 0	40.02	120.900	51.67
江西	133 333	32 667	18.000 0	34.84	80.000	53.66
河南	66 667	3 333	9.020 0	54.96	31.380	38.23
四川	23 740	0	4.825 7	41.78	19.300	45.44
山东	24 333	333	7.960 0	98.97	27.690	77.50
浙江	10 680	4 680	2.300 0	26.60	8.000	12.99
重庆	5 333	0	0.921 8	12.98	5.500	72.95
贵州	1 885	−480	0.363 5	102.73	1.260	82.60
广西	1 541	235	0.377 3	15.35	1.290	1.57
陕西	1 200	0	0.148 0	11.70	0.850	66.66
福建	705	0	0.286 5	23.39	0.970	7.77
黑龙江	693	0	0.016 6	130.56	0.060	114.28
宁夏	4	−63	0.000 6	−50.00	0.002	−60.00

和平均加工量都处于全国领先地位，规模加工企业就达 51 家，全国占比超 40%，加工量超过 6.147 × 10⁵ t，占全国 124 家规模加工企业加工量的 69.8% 左右（图 8-1）。2020 年，中国小龙虾加工业仍然以整肢虾、虾仁、虾尾的初级加工为主。加工的产品类型也越来越丰富，针对国内消费者喜爱的不同口味，调味虾的加工量增加迅猛。根据国内主流小龙虾加工厂生产加工工艺的不同，小龙虾初级加工产品主要分为整肢虾（不去头、不去壳）、虾仁（去头、去

表 8-2　2020 年中国小龙虾规模加工企业数、加工量及加工产值统计数据

省份	规模加工企业数/家		加工量/×10⁴ t		加工产值/亿元
	2020 年	2019 年	2020 年	2019 年	2020 年
湖北	51	51	61.47	58.54	335.060
湖南	13	13	8.20	7.77	44.690
江苏	28	26	6.20	5.40	33.790
安徽	17	14	5.71	3.50	31.120
江西	7	6	5.00	5.00	27.250
河南	5	0	1.19	0	6.480
山东	2	2	0.31	0.31	1.680
浙江	1	1	0.01	0.20	0.001
合计	124	113	88.09	80.72	480.071

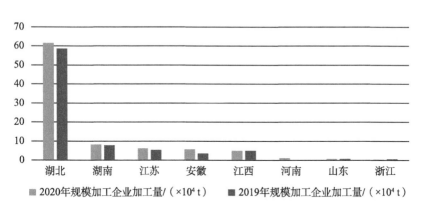

图 8-1　2019—2020 年中国小龙虾规模加工企业加工量

壳）、虾尾（只去头、不去壳）三大类。整肢虾分为出口整肢虾和
内销整肢虾，主要有茴香味小龙虾、辣粉虾、清水小龙虾、调味小
龙虾，食用前可自然解冻，或微波炉解冻后直接食用，也可作烧烤
用，满足不同地区消费人群的需求；小龙虾尾有单冻小龙虾尾和麻
辣小龙虾尾；小龙虾仁有块冻小龙虾仁和单冻小龙虾仁。以小龙虾

壳等副产物综合利用和甲壳素提取的精加工占比较小，精加工量约为 3×10^4 t。主要集中在湖北和江苏两省，一些重点企业以小龙虾壳为主要原料，加工形成甲壳素、氨基葡萄糖盐酸盐、氨基葡萄糖硫酸钾盐、壳聚糖、壳寡糖、几丁聚糖、水溶性几丁聚糖、羧甲基几丁聚糖、甲壳低聚糖等系列产品。

2. 小龙虾加工技术创新方兴未艾

2020 年，小龙虾鲜活保鲜技术得到了突破。北京凯琛科技公司研发的小龙虾保鲜 - 活体仓储新技术落地江西省九江市彭泽县水产产业园，一次可存储 2 000 t。全年可分 3～4 批，解决当地小龙虾集中上市的困境。并计划在全国小龙虾主产区建 10 个产地仓来推进这一项目。深圳柏辰科技公司近些年投入巨资，专注研发小龙虾全自动生产线。2020 年，在湖北监利市鑫满堂红食品公司安装 264 台 12 条全自动生产线，可取代 264 名工人的岗位；在湖北省荆州市某企业安装 242 台 11 条全自动生产线。生产产品为小龙虾虾尾和小龙虾虾仁。目前生产实际数据与人工相比仅差 2%～3%。

三、价格和市场流通情况

1. 小龙虾价格波动幅度较大

从全国看，2020 年小龙虾价格波动幅度较大。3—4 月，总体价格同比偏低，各主产省份普遍价格低于 72 元 /kg；5—6 月，产量增加，集中上市，造成价格同比继续下跌，部分地区出现低于 22 元 /kg 的低价，比 2019 年同期价格低 6～10 元 /kg；随后，因可供数量减少，加上餐饮业复苏，7—8 月回升至 46 元 /kg 以上（图 8-2）。

2020 年，小龙虾市场价格大幅变动表现为三个阶段。第一阶段是早期新冠肺炎疫情封闭了很多市场，即使终端少量的需求也很难得到满足，特别优质的小龙虾价格非常高，50 g 规格的小龙虾最高时卖出过 200 元 /kg 的高价，但总体的流通量非常小，主要是靠一些外卖订单在消化小龙虾货源。第二阶段是新冠肺炎疫情缓解后，湖北、湖南、安徽等地小龙虾开始上市，但市场行情并不好，餐饮

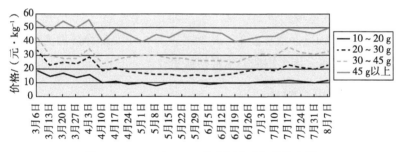

图 8-2　2020 年 3—8 月全国小龙虾价格走势

业消费的人数减少。第三阶段是 6 月稻田虾陆续收尾，小龙虾价格开始慢慢回升。6 月中旬以后稻田虾上市量减少，加上端午节节庆消费的带动，小龙虾价格慢慢回升。到了 7 月以后，湖北、湖南、安徽、江苏、江西等地遭遇不同程度的水灾，小龙虾上市量比较少，但价格仍是有涨有跌，不太稳定。

2020 年，小龙虾价格走势最大的特点就是 20 g 以下规格的青壳小龙虾价格长时间处于 20 元 /kg 以下。这主要是因为很多养殖户的虾苗没有分苗卖出，只能留塘蓄养，养殖密度很高，不少养殖户失去了养殖管理的信心，导致小龙虾规格上不去。湖北、湖南、安徽等主产区的小规格虾的数量非常多，10 g 以下规格的小虾尤其多。因此，小龙虾产业必须走科学养殖、精准养虾、养大虾的路子。

2. 小龙虾市场流通逐步完善

随着小龙虾市场辐射面的扩大，为了满足冷链物流的需求，全国各地纷纷建设小龙虾交易市场，开通冷链物流运输线路。其中，湖北虾谷物流有限公司已形成 8 ~ 18 h 送达全国近 500 个城市的小龙虾冷链物流体系，并制定了《小龙虾冷链物流服务标准》，规范小龙虾规格、包装、运输等操作流程。各地市场的小龙虾冷链物流通过标准化的管理和运营输出，有效地帮助产销双方降低成本，提高小龙虾鲜活率。全国小龙虾交易、流通、集散、仓储功能于一体的大型水产市场主要分布在小龙虾主产区，如湖北潜江、安徽全椒县、湖南南县等地。其中中国虾谷小龙虾交易中心占地面积为

20 hm²，已入驻商户近 600 家，连续两年交易额超过 70 亿元。全国其他水产市场只保留功能单一的交易业务，小龙虾冷链物流体系初具规模，覆盖全国产销地的生鲜物流企业。

四、进出口贸易

2019 年之前我国小龙虾的进出口量和进出口额总体处于上升阶段（表 8-3）。2020 年，受国际贸易形势、国内原料市场变化、新冠肺炎疫情等因素的影响，我国小龙虾进出口贸易较 2019 年均大幅下滑，其中出口量和出口额达到了近 9 年的最低位。

据中国海关统计数据显示，2020 年我国共出口冷冻小龙虾及相关产品 7 741 t，同比减少了 48.17%，是近 9 年来最低值，首次降到了 10⁴ t 以下；2020 年出口额是 7 562.31 万美元，同比减少了 54.98%，这个数据也是最近 9 年来最低值，首次降到了 1 亿美元以下。2020 年，我国共进口冷冻小龙虾及相关产品 3 761.967 t，同比减少了 27.50%，但仍是过去 9 年里第二高的数值；小龙虾进口额是 5 910.347 7 万美元，同比减少了 25.73%。

表 8-3　2012—2020 年中国小龙虾进出口统计数据

年份	出口量 /t	进口量 /t	出口额 / 万美元	进口额 / 万美元
2012	26 947	3.232	27 844.59	2.053 5
2013	28 288	169.067	31 536.28	155.921 0
2014	29 778	34.001	37 903.95	25.296 1
2015	19 946	125.681	26 378.96	91.382 5
2016	23 309	207.239	26 026.27	175.362 7
2017	19 116	1 435.906	21 502.82	682.639 5
2018	10 801	2 394.126	18 781.52	800.958 0
2019	149 345	5 188.875	16 796.34	7 957.600 7
2020	7 741	3 761.967	7 562.31	5 910.347 7

五、小龙虾餐饮业情况

1. 小龙虾餐饮业概况

据调查初步统计，2020 年以餐饮为主的小龙虾第三产业产值约为 2 220 亿元，与去年相比减少了约为 740 亿元，同比下降约为 25%，但小龙虾第三产业产值仍占其总产值的 63.59%。

据调查，2019 年以前，小龙虾消费主要是在线下小龙虾专卖店和各种中小餐馆、大排档、夜市等进行。全国专门经营以小龙虾为主的门店有近 3 万家。2020 年，江苏省小龙虾线下餐饮门店有 8 823 家，消费量为 70 791.6 t，产值为 350 亿元；线上电商平台有 103 个，销售产值 5 亿元，江苏省整个小龙虾餐饮业产值达 355 亿元，另外小龙虾休闲、节庆、物流等产值 53 亿元，三产总产值 408 亿元。如江苏省盱眙县利用品牌优势，做大做强小龙虾产业，先后建成盱城、马坝两个小龙虾美食中心，全县以经营小龙虾为特色菜肴的餐饮店达 1 000 多家，开发小龙虾系列烹饪加工产品近 100 个，盱眙龙虾加盟店 2 000 家，遍及全国和境外 18 个国家。再如金湖县建立小龙虾美食一条街，全县以经营小龙虾为特色菜肴的餐饮店达 500 家以上，金湖小龙虾全国加盟店已超出 3 000 家，其中南京就有 500 多家，日均销售小龙虾 25 t。通过多年发展，目前江苏省已形成盱眙、红透、於氏、红胖胖、朱大、希望、太明、杨氏等 50 多家大型知名小龙虾餐饮品牌。据不完全统计，2020 年江西省有各类小龙虾餐饮店 4 000 余家，比 2019 年增加了 300 多家。受新冠肺炎疫情影响，2020 年 5 月前，江西小龙虾餐饮业整体消费比去年同期下降 70%，5 月后小龙虾餐饮业得到持续性的恢复，但仍然比去年下降近 30%。

2020 年，小龙虾消费最明显的特征是线上消费扩大，外卖渠道日渐成熟。小龙虾对餐饮业的渗透力在持续加强，主要体现在两个方面：一是加工企业的小龙虾调味产品普遍进入快餐、中餐与夜宵店铺，如食堂、湘菜馆、烧烤店、大排档等；另一方面小龙虾与其他品类产品相结合，延伸出各种创新产品，如虾仁汉堡、虾仁比萨、小龙虾火锅、烤尾烤串、虾尾捞面、虾尾盖浇饭等。产品的创新，推动了小龙虾产品的广泛应用，同时也为小龙虾产品在餐饮业的长期发展打下了基础。

2. 小龙虾消费变化明显

2020 年，普通消费者进入理性消费模式，对于非刚需的高单价产品消费倾向于谨慎消费或减少该类产品的消费频次。受此影响，2020 年整肢虾的消费规模低于 2019 年，但在电商渠道与外卖渠道虾尾的受欢迎程度超过了整肢虾。尽管小龙虾尾的消费体验不如整肢虾，但虾尾的价格便宜，在消费市场上更受消费者青睐。

第二节　种养技术模式

一、小龙虾种养模式

2020 年，全国各地的小龙虾苗种供给依然以自繁自养模式为主。这种"繁养一体"模式的主要弊端是养殖户不知道虾塘里到底有多少虾苗，密度大了养不成大虾、密度小了养不出产量。很多养殖户是早期卖虾苗，后期养商品虾，一些经验丰富的养殖户仅仅依靠早期销售虾苗就能获利丰厚。但 2020 年受新冠肺炎疫情的影响，前期虾苗销售流通受阻，主产区的虾苗滞销情况严重，后期虾苗过多，无法养成大虾，部分养殖户的经济效益明显下降。

二、种养模式的创新

2020 年，在湖北、安徽、湖南、江苏、江西等地"繁养分离"模式逐渐推广，只要养殖户操作到位，就可以在很大程度上提升塘口的养殖效益。现在很多省市水产技术推广部门都在积极推广此模式，很多地方又在结合本地实际情况的基础上，对"繁养分离"模式适当调整，以便更适合本地养殖户。小龙虾成品虾集中上市导致虾价在一段时间内进入低迷，这个情况在过去几年都比较明显。2020 年，江苏省试验"双早优"种养模式、示范推广"一稻三虾"绿色高效种养模式、试验工厂化循环水养殖模式、试验"稻虾+鳜鱼""稻虾+乌鳢""稻虾+匙吻鲟""莲+虾""芡实+虾"等多种生态综合种养模式；湖北省在全国率先推广小龙虾养殖"繁养分离"模式；湖南省推广稻田寄养、稻虾蟹、稻虾鳝、稻虾鳖混养等模式，探索"菱角+虾"和"莲+虾"等综合种养模式；安徽省霍邱县形成稻虾综合种养"三流模式"，当涂县精品小龙虾综合种养模式；河南省推广小龙虾秋苗繁殖技术、繁养分离技术、春季大规格小龙虾养殖技术，以及"一稻一虾""一稻二虾""一稻一虾一鳖"的综合种养模式；江西省创新开展无环沟稻虾综合种养模式示范推广；四川省推广"稻田+围网""4+1+1""虾-渔"套养、"稻渔+内循环"等新模式。

三、江西省种养技术模式

多年来，江西结合当地的特点和实际，针对小龙虾的养殖，创造了多种养殖技术。有环鄱阳湖区大水面人工增养殖技术模式、池塘生态高产高效养殖技术模式、池塘混养（鱼虾、虾鳖、虾蟹）技术模式、茭白田养殖小龙虾技术模式、有环沟稻（莲）田综合种养技术模式、无环沟稻虾综合种养技术模式等，下面主要介绍环鄱阳湖区大水面人工增养殖技术模式、池塘生态高产高效养殖技术模式、有环沟稻（莲）田综合种养技术模式，以及无环沟稻虾综合种养技术模式。

1. 环鄱阳湖区大水面人工增养殖技术模式

该技术以鄱阳湖小龙虾种质资源为亲本，通过在环鄱阳湖区的大水面（主要是浅水性的湖泊、湖汊），投放一定数量亲虾或种虾，营造适合小龙虾生长、繁育的生态环境，并根据天然饵料情况配套投喂部分饲料或水草，在连续投放亲虾或种虾 3 年后，使其形成自然种群，直至增养殖水域产量稳定。一般每年的 4—5 月每公顷放养 45～75 kg 种虾或每年的 8—9 月每公顷放养 75～90 kg 亲虾（雌雄比 2∶1），连续投放三年，三年后，如果形成了自然种群则可以不投放种虾，以后仅需要加以保护即可。每公顷产量可达120～225 kg，每公顷效益净增 9 000 元以上，是一种生态修复的典型养殖技术模式。2020 年，江西省该种养殖技术模式的面积达17 333 hm²。

2. 池塘生态高产高效养殖技术模式

该技术模式以鄱阳湖小龙虾种质资源为亲本，通过在江西省已建立的多个小龙虾繁育基地繁育培育苗种，提高虾苗质量，满足养殖区域的优质苗种供给，提高商品率和产品规格。江西省环鄱阳湖区有 66 667 hm² 种植水稻易被淹，而开展养鱼低洼田（塘）水深又较浅，这些低洼田（塘）仅需要稍做改造就可开展小龙虾人工养殖。该技术模式每公顷可产鄱阳湖优质小龙虾 3 000～4 500 kg，每公顷产值可达数十万元以上，每公顷纯利可达 45 000 元以上。2020年，江西省该种养殖技术模式的面积达 2 667 hm²。

3. 有环沟稻（莲）田综合种养技术模式

江西省环鄱阳湖区有近 200 000 hm² 冬闲田适宜开展虾稻连（共）作工程建设与养殖技术模式，该技术选择集中连片的单季稻田，以 2.67～3.33 hm² 为一个养殖单元进行田间工程建设。每个养殖单元对田埂加固、开挖环沟和田间沟、进排水口的防逃设施工程建设，环沟和田间沟面积占稻田总面积的 10% 以内。种植水草（苦草、轮叶黑藻、伊乐藻等），投放种虾或虾苗，科学投喂和管理，对稻田进行综合种养。该技术模式每公顷可产优质小龙虾1 050～2 250 kg，每公顷纯利可达 37 500 元以上，经济效益十分显著。2020 年，该种养殖技术模式在江西省的面积达 103 000 hm²，比2019 年新增养殖面积 23 000 hm²。

4. 无环沟稻虾综合种养技术模式

稻田无环沟小龙虾养殖是利用冬闲田的冬季和春季进行养殖，一般在 2 月底至 4 月底养殖一季小龙虾。其原理为采用浅水升温办法，种草或不种草均可，充分利用稻梗腐殖质天然饵料，适量投喂饲料或黄豆促进小龙虾快速增长，养殖 25 d 就可以出中青虾。水源充足、蓄水能力强的养殖基地可以延长（至 5 月底或 6 月上旬）养殖期，每公顷小龙虾单产量可达 900 ~ 1 125 kg。

除上述四种主要模式外，江西省还有池塘混养（鱼虾、虾鳖、虾蟹），以及茭白田、莲田养殖小龙虾技术模式等。

第三节　营销推广方法与技巧

一、拓展营销思路，促进小龙虾电商大行其道

2020 年是小龙虾行业互联网销售成绩最突出的一年。"电商小龙虾"模式在小龙虾行业遭受新冠肺炎疫情严重影响的同时，电商平台却推动其发展。往年小龙虾的主场是线下销售，销量占到 80%，而 2020 年却恰恰相反，小龙虾线上销量占 80%。其原因一是线上销售的暴增，用户需求成功转移；二是直播带货的兴起，诸多小龙虾品牌纷纷加入直播战场，这成了品牌实现增长的重要途径。据有关数据显示，小龙虾线上销售额每年保持 30% ~ 40% 的增长率，这让生鲜电商平台看到了巨大的市场需求，并且提早布局。除了与加工企业合作外，一些电商平台还与小龙虾养殖户建立了直采基地，通过其全国网络布局前置仓，可以为用户提供 1 h 送货上门的配送服务。小龙虾不只是搭上了电商平台的顺风车，直播带货也让小龙虾销量提升不少。2019 年下半年开始，小龙虾尾成了"直播小镇"江苏赣榆区海头镇主播们大力推荐的产品，高峰期每天从海头镇卖出去的小龙虾尾有 200 t 左右。电商火爆导致调味虾和小龙虾尾加工需求量很大，尤其是小龙虾尾的需求非常大，再加上 2020 年各主产区小规格的原料虾货源非常充足，价格便宜，各地方政府也从资金、政策等方面支持小龙虾大型加工企业的发展，湖北、安徽、湖南等省的加工企业都开足马力满负荷生产。

2020 年，生鲜电商、社区团购获得突破性发展。速冻小龙虾跟随生鲜电商、社区团购渠道，开始真正进入千家万户，并得到消费者的认可和接受。这为小龙虾加工产业的发展，以及小龙虾销售渠道的拓展，打开了新的局面。据了解，福建省小龙虾电商主要在生鲜电商和外卖餐饮领域。其当红爆款小龙虾 2020 年销量达 1 500 t，摘下平台全国第一。按每尾规格 30 g 来算，相当于卖出了 5 000 万尾小龙虾。江苏省小龙虾产业电商企业 1 240 家，小龙虾新媒体电商 4 000 多家，年销售量约为 8 520.5 t，产值约为 5.16 亿元。

二、扩大熟制品生产规模，引导小龙虾调味品异军突起

2020 年，全国有近 100 家小龙虾调味品规模加工企业。其中，江苏省小龙虾调料品规模加工企业 30 家，总产值约为 7.5 亿元，以盱眙许记味食发展有限公司为例，其以"许建忠"品牌系列调味品为核心，产品共 7 个系列，70 余款产品，年产值超过 5 000 万元。福建省有调味品加工企业近千家，涉及小龙虾调味品的规模加工企业 10 余家。安记食品股份有限公司生产的小龙虾调味品获得了排行榜 123 网评选出的 2021 年小龙虾调料十大品牌排行榜第三名。湖北省小龙虾调味品规模加工企业有近 10 家，其中安琪酵母股份有限公司小龙虾调味品 2020 年销售额达 1.28 亿元；潜江龙虾梦食品科技有限公司小龙虾调味品 2020 年销售额达 0.32 亿元。2020 年，中国小龙虾调味品仅 10 个规模加工企业销售额就达 87.07 亿元（未计入总产值）。

三、大力推广小龙虾品牌建设，扩大市场占有率

小龙虾品牌建设成效明显。2020 年，全国新增"襄阳小龙虾""开江小龙虾""华容小龙虾""君山小龙虾""马家荡小龙虾""雁江中和小龙虾""含山龙虾""共青城龙虾"等 8 个国家地理标志证明商标和"兴化小龙虾" 1 个集体商标，其中，江苏省和湖南省新增 2 个，湖北省、安徽省和江西省新增 1 个，四川省新

增 2 个（图 8-3）。四川省是首次拥有小龙虾区域品牌的省份。截至 2020 年底，全国一共有 7 个省份创建了 24 个小龙虾区域品牌，较 2019 年增加了 60%。各地创建的小龙虾区域品牌数量情况是，江苏省有 5 个，湖南省、湖北省和安徽省分别有 4 个，山东省有 3 个，江西省和四川省分别有 2 个。

据测算，2020 年小龙虾区域品牌覆盖的小龙虾产量约占小龙虾全部产量的 36.04%，比 2019 年的 32.39% 多 3.65%，增加了 10%。其中，2020 年各省区域品牌覆盖的小龙虾产量占比从大到小依次是山东、湖南、江苏、湖北、安徽、江西和四川。

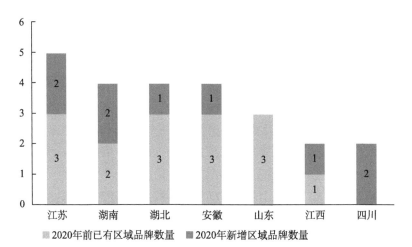

■ 2020年前已有区域品牌数量　　■ 2020年新增区域品牌数量

图 8-3　2020 年小龙虾区域品牌数量

"潜江龙虾"和"盱眙龙虾"的品牌价值持续提升（图 8-4）。2020 年 3 月，武汉大学质量发展战略研究院联合中华商标协会、北京希煜品牌咨询有限公司开发小龙虾区域品牌价值评价指标，计算并发布 2020 年"潜江龙虾"品牌价值为 227.9 亿元，"潜江龙虾"品牌价值再次位列中国小龙虾区域品牌第一名。中国品牌建设促进会发布 2020 年"盱眙龙虾"品牌价值为 203.92 亿元。

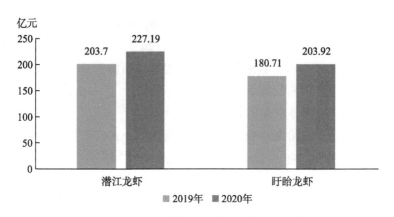

图8-4 2019—2020年"潜江龙虾"和"盱眙龙虾"品牌价值

四、举办小龙虾节庆文化，推介小龙虾

2020年，各地结合啤酒、音乐、旅游等元素举办了各类特色鲜明、内涵丰富的小龙虾文化节，提振地方经济，促进市场消费。据不完全统计，2020年全国各地举办的各类各级小龙虾节庆活动有40多个。其中小龙虾节庆活动数量较多的省份为湖南、四川、安徽、江西等。抗疫题材成为2020年小龙虾节庆活动的新元素，湖北（潜江）龙虾节上限量发售印有"感恩山西"字样的小龙虾产品，感恩山西援鄂医疗队驰援潜江；江苏扬子晚报"2020云龙虾节"号召消费者"为爱打call'吃'援湖北"；安徽六安泉水龙虾美食文化逍夏季邀请支援湖北归来的全体医护人员共品泉水龙虾；安徽全椒"援鄂抗疫英雄魅力全椒行"邀请21位抗疫英雄品尝全椒龙虾；四川白家市场湖北小龙虾节开展"助力湖北经济、吃出成都贡献"系列活动等（表8-4）。

表8-4 2020年各地小龙虾节庆活动汇总表

省份	节庆活动名称	数量
四川	成华龙虾节、开江中国西部小龙虾美食节、隆昌小龙虾美食文化旅游节、雁江中和小龙虾网络美食节、成都小龙虾节、白家市场湖北小龙虾节、都江堰龙虾美食节	7

续表

省份	节庆活动名称	数量
重庆	腾讯·大渝网小龙虾节、潼南生态小龙虾节、大足小龙虾节	3
湖南	良之隆中国小龙虾采购节、龙伏镇小龙虾节、湖溪龙虾美食节、益阳（南县）稻虾文化旅游节、君山龙虾节、龙伏镇小龙虾节、望城吃香喝辣龙虾美食节、湘都龙虾节、益阳小龙虾美食文化节	9
安徽	合肥龙虾节、蒙城龙虾荷花休闲文化旅游节、长丰龙虾文化旅游节、安徽省线上龙虾节、"游全椒 品龙虾 颂赞歌"援鄂抗疫英雄魅力全椒行、六安泉水龙虾美食文化逍夏季	6
江苏	盱眙国际龙虾节、扬子晚报"2020 云龙虾节"、锡城醉美国潮龙虾节、洪泽湖古堰龙虾啤酒音乐节、无锡融创乐园啤酒龙虾美食节	5
浙江	石淙花海龙虾狂欢节、海盐稻田龙虾文化节	2
湖北	湖北（潜江）龙虾节、荆州吾悦广场龙虾节	2
广东	广东龙虾文化节	1
山东	鱼台龙虾节、东平水浒龙虾美食文化节	2
上海	锦江乐园虾客节	1
河南	鸡公山狂欢龙虾节、郑州小龙虾美食节	2
辽宁	鞍山小龙虾节	1
广西	禄新镇上堂村生态小龙虾节	1
北京	玩转京城美食嗨吃龙虾节	1
江西	首届鄱阳湖小龙虾高峰论坛和鄱阳湖小龙虾品鉴会、泰和泉水小龙虾文化旅游节、新建区铁河乡龙虾节、吉水虾蟹文化旅游节、浔阳"虾兵蟹将"文化美食节、万年稻米文化与小龙虾旅游文化节	6

附 录

稻虾（克氏原螯虾）综合种养生产技术操作规程

1 范围

本规程规定了克氏原螯虾（*Procambarus clarkii*）稻田综合种养与仿生态繁育的术语和定义、种养环境条件、田间工程、水稻种植和稻田克氏原螯虾养殖与仿生态繁育。

本标准适用于江西省环鄱阳湖、赣抚平原、吉泰平原、集中连片的丘陵等地区低洼田、冷浸田进行克氏原螯虾稻田综合种养和仿生态繁育。

2 规范性引用文件

下列文件对于本文件的应用是必不可少的。凡是注日期的引用文件，仅注日期的版本适用于本文件。凡是不注日期的引用文件，其最新版本（包括所有的修改版本）适用于本文件。

GB 4285　农药安全使用标准

GB 11607　渔业水质标准

GB 13078　饲料卫生标准

GB 4404.1　粮食作物种子　禾谷类

GB/T 8321.2　农药合理使用准则（二）

NY/T 391　绿色食品　产地环境质量

NY/T 393　绿色食品　农药使用准则

NY/T 394　绿色食品　肥料使用准则

NY/T 419　绿色食品　稻米

NY/T 496　肥料合理使用准则　通则

NY/T 525　有机肥料

NY/T 755　绿色食品　渔药使用准则

NY 5071　无公害食品　渔用药物使用准则

NY 5072　无公害食品　渔用配合饲料安全限量

NY/T 5117　无公害食品　水稻生产技术规程

SC/T 1009　稻田养鱼技术规范

SC/T 1077　渔用配合饲料通用技术要求

SC/T 1132　渔药使用规范

SC/T 1135.1　稻渔综合种养技术规范　第 1 部分：通则

3　术语和定义

下列术语和定义适用于本文件。

克氏原螯虾稻田综合种养与仿生态繁育（intergrated farming and para-ecological breeding of rice and crayfish）

根据克氏原螯虾生物学特性，运用生态学原理，利用水稻与克氏原螯虾共作或连作，通过科学的稻田工程、饲养管理、水位调控、选种、保种、异位繁育等措施，使克氏原螯虾在稻田内仿生态繁育、就近投苗开展无环沟稻田养殖，实现商品虾和苗种批量生产。

4　环境条件

4.1　产地

选择生态环境良好，保水性能好，不受洪水淹没，集中连片且比较平整的单季稻田、低洼田、冷浸田等，土质以壤土为好。稻田环境和底质应符合 NY/T 391 的规定。

4.2　水源水质

水源充足、排灌方便，生产用水应符合 GB 11607 的规定。

5　田间工程

5.1　养殖单元面积

5.1.1　有环沟模式

选择稻田地势平坦，面积以 0.67 ~ 3.33 hm^2 一个养殖单元为宜。养殖单元形状以东西向的长方形为好。

5.1.2　无环沟模式

选择稻田地势平坦，面积以 0.33～3.33 hm² 一个养殖单元为宜。养殖单元形状以东西向的长方形为好，依据地形设定形状也行。开展无环沟稻田养殖模式的应配套建设 15%～20% 的有环沟稻田养殖模式用于解决养殖所需要的虾苗。

5.2　环沟

沿稻田田埂内侧（指抬高后坡脚边缘）1 m 开挖环沟，沟深 1.2～1.3 cm，宽 3～4 m，坡比 1∶1 以上，环沟的形状可依据稻田的面积设定"1"型、"L"型、"U"型、"口"型、"田"型（单元面积超过 3.3 hm² 以上的田块）等，但环沟面积不得超过稻田总面积的 10%，并符合 SC/T 1135.1 的规定。

5.3　田埂

5.3.1　外田埂

利用开挖环沟的泥土加高、加宽、加固养殖单元外围田埂。田埂面宽度不小于 1.5 m，高度高于田面 1.0 m 以上，坡比 1∶1.2 为宜。建设无环沟的稻虾养殖田可在田内就近取土，将养殖单元四周田埂加高至 0.6～0.8 m、加宽面宽至 1 m。因取土造成的小坑可在整田时整平。

5.3.2　田内埂

田内挡水埂高 0.3 m、宽 0.2 m。无环沟稻田不需要建设内埂。

5.4　进排水口

进排水口分别位于稻田两端并呈对角线位置。进水渠道建在稻田一端的田埂上，用直径 110 mm PVC 管埋于池埂表面 10 cm 以下，并在其终端安装 80 目的长型网袋过滤。排水口设于稻田另一端环形沟的最低处（无环沟的稻田设在稻田田面的最低处），排水管可用直径 160 mm 的波纹管埋于环沟的最底部，并穿过外围田埂接入总排水渠。排水方式可制作成拔插式的 PVC 管控制水位，另一端应安装 20 目的防逃网罩。

5.5 防逃设施

每一养殖单元应在其外围田埂上建设防逃围栏，防逃围栏可用水泥瓦、防逃塑料膜、地砖等材料制作，防逃围栏要埋入土中0.2~0.3 m，上面高出田埂0.5~0.6 m。

5.6 防敌害设施

肉食性鱼、鼠、蛙、鸟以及水禽等均是克氏原螯虾敌害动物，可通过在进水口处安装80目的长型网袋过滤进水防止鱼类或鱼卵进入稻田；在田埂上设置鼠夹、鼠笼或在防逃设施外围定期施放或设置生石灰、漂白粉等加以捕杀鼠类；蛙类夜间进行笼捕捕捉；鸟类及水禽及时进行驱赶或设施防鸟网。

5.7 稻田与环沟消毒

稻田改造完成后，有环沟的稻田可进行分区块消毒，无环沟的稻田应进行整体消毒。环沟蓄满水用生石灰1 500 kg/hm² 带水对环沟进行消毒，种植水稻的田块蓄水10 cm，每公顷用450 kg生石灰化水泼洒进行消毒。

5.8 种植水草

环沟消毒7~10 d后，在沟内种植水草，水草种植前应用40 g/L NaCl溶液进行浸泡消毒。水草种类包括伊乐藻、轮叶黑藻、水花生等，以伊乐藻为主，种植面积占田面和环沟面积的40%~50%，浮性水草覆盖率为10%。环沟以种植轮叶黑藻为主，环沟水面以移植水花生为主，田面底部以种植伊乐藻为主。其中伊乐藻一般在12月至翌年2月水温5~15℃时种植，轮叶黑藻在3月水温稳定在10℃以上时种植，水花生在3—10月均可移植。伊乐藻种植要求行距10~12 m，株距7~8 m，草团直径15~20 cm，每公顷用草量控制在450 kg以内。

6 水稻种植

6.1 稻种选择

稻种选择参照GB 4404.1执行，选择叶片开张角度小、抗病虫害、耐肥性强、可深灌、株型适中的紧穗型中稻或晚稻品种。为实现"早出苗、早出虾、出大虾"的目标，开展克氏原螯虾早苗繁殖的有环沟稻田应种植早中稻品种，以便实现提早出苗；不开展克氏原螯虾繁育的有环沟稻田和无环沟稻田，应种植中晚稻品种；开展晚育苗的有环沟稻田，可以种植晚稻品种，以便实现延迟育苗。

6.2　田面整理

中稻 6 月 1 日左右开始整田，晚稻 7 月中旬开始整田。整田的标准是高低不过寸，寸水不漏泥，灌水棵棵到，排水处处干。

6.3　秧苗栽插

开展克氏原螯虾繁育的稻田，应在以下时段完成水稻栽插。种植早中稻稻田，5 月中下旬之前完成栽插；种植中稻的稻田，6 月上旬之前完成栽插；种植晚稻的稻田，7 月底之前完成栽插。水稻栽插方式为手栽或者机插。栽插时，可通过人工边行密植弥补田间工程占地减少的穴数。机械插秧或人工插秧，结合边行密植确保水稻栽插密度达到 18 万穴 /hm^2 以上，每穴秧苗 2 ~ 3 株。

不开展克氏原螯虾繁育的稻田，可采取直播的方法种植水稻。

6.4　晒田

第一次晒田时间为插秧 15 d 后，第二次晒田时间为收割前 15 d。晒田总体要求是轻晒或短期晒，即晒田时使田块中间不陷脚，田边表土不裂缝和发白。

6.5　施肥

肥料的使用应符合 NY/T 525、NY/T 394 和 NY/T 496 的要求。施肥宜少量多次，方法参照 NY/T 5117 执行，严禁使用对克氏原螯虾有害的氨水、碳酸氢铵等化肥，同时尽量减少氮肥的使用量。

6.6　水位控制

整田至插秧期间保持田面水位 5 cm 左右，晒田时环沟水位低于田面 20 cm 左右。第一次晒田后田面水位逐渐加至 25 cm 左右；第二次晒田后至水稻收割结束环沟水位不变。

6.7　病虫害防治

病虫害防治参照 NY/T 5117、SC/T 1009 执行，农药施用应符合

GB/T 8321.2 的要求，应选用高效、低毒、低残留农药，使用按照 NY/T 393 标准执行，不得使用有机磷、菊酯类、氰氟草酯、噁草酮等对克氏原螯虾有毒害作用的药剂。

6.8 日常管理

参照 NY/T 5117 执行。

6.9 收割

早中稻和中稻分别在 9 月底和 10 月上中旬完成，晚稻在 11 下旬左右，开始进行稻谷收割。稻田的稻茬留 35 ~ 40 cm 高，便于稻秆较长时间腐烂。

6.10 水稻生产指标

水稻产量、质量、经济效益和生态效益应符合 SC/T 1135.1 的要求。

7 稻田克氏原螯虾仿生态养殖与繁育

7.1 苗种来源

选择本地或周边地区的克氏原螯虾幼虾或亲虾，要求苗种来源地距离养殖稻田的车程不宜超过 3 h。

7.2 投放幼虾模式

3 月上旬至 4 月中旬为投放幼虾期，4 月至 7 月中旬为成虾养殖期，6 月中旬至 8 月底为选种、保种期，9 月至 10 月为繁殖期，10 月至翌年 4 月为苗种培育期（期间 11 月至 12 月 20 日，如果幼苗能达到 3 ~ 4 cm 的规格，可选择此时投放幼苗，为翌年 3 月出大虾奠定基础）。

7.2.1 幼虾质量

a）群体规格整齐；

b）体色为青褐色，不宜为红色，要求色泽鲜艳；

c）附肢齐全、体表无病灶；

d）反应敏捷，活动能力强。

7.2.2 幼虾投放量

有环沟的稻田：冬季放养选择规格为 3 ~ 4 cm 的幼虾，放养量为 90 000 ~ 135 000 尾 /hm²；春季放养选择个体重 200 ~ 240 尾 /kg 的幼虾放养，放养量为 90 000 ~ 105 000 尾 /hm²。无环沟的稻田：冬季放养选择规格为 3 ~ 4 cm 的幼虾投放，放养量为 60 000 ~ 90 000 尾 /hm²；春季放养选择个体重 200 ~ 240 尾 /kg 的幼虾，放养量为 45 000 ~ 60 000 尾 /hm²。养至 5 月时，如果绝大部分的成虾已经上市，可选择就近补放虾苗 15 000 ~ 30 000 尾 /hm²，养殖到 6 月中下旬结束。

7.3　亲虾投放

8 月底之前，完成亲虾的投放。亲虾来源于自养稻田的生长速度快的"抛头虾"或从天然水体中引进亲虾，每天起捕时按照 10% 的选择率挑选亲虾，预留到另一个塘口进行养殖，按照雌雄比例为 3∶1 进行挑选。亲虾繁育田每年交替进行，切忌在原田开展留种繁育。

7.3.1　亲虾质量

a）附肢齐全、无损伤、体格健壮、活动能力强；

b）体色暗红或深红色，有光泽，体表光滑无附着物；

c）体重雌虾 30 g 以上，雄虾 35 g 以上。

7.3.2　亲虾投放量

亲虾投放量为 225 ~ 450 kg/hm²，雌雄比例为 3∶1。

7.4　运输与放养前处理

7.4.1　运输

克氏原螯虾一般采用干法淋水保湿运输，运输过程要保持湿润且不挤压，运输时间最好控制在 3 h 以内。运输工具为规格 70 cm × 40 cm × 15 cm 的塑料筐。将塑料筐底部铺好水草，喷淋水后再将挑选好的种虾或亲虾装入塑料筐内，每筐装重不超过 4 kg，每 15 min 淋水一次，以防脱水。

7.4.2　缓水处理

从外地购进的虾苗虾种，放养前应将虾苗虾种在田水内浸泡 1 min，提起搁置 2 ~ 3 min，再浸泡 1 min，如此反复 2 ~ 3 次，让虾苗虾种体表和鳃腔吸足水分后再消毒。

7.4.3　消毒处理

放养时，用浓度为 30～40 g/L NaCl 溶液对虾苗进行浸洗消毒，浸洗消毒时间控制在 5～8 min。之后，让虾苗自行爬入环沟中或已蓄水的稻田中，伤残或爬行缓慢的虾苗作为商品虾进行处理。

7.5　饲料投喂

7.5.1　成虾养殖

克氏原螯虾投喂专用配合饲料，辅以动物性饵料小鱼、小虾和螺蚌肉等，早晚各投喂一次，以傍晚为主。配合饲料应符合 GB 13078 和 NY 5072 的要求。3 月下旬开始宜强化投饵，日投饵量为稻田虾总重的 2%～5%，以 2 h 以内吃完为宜，具体投饵量应根据天气和虾的摄食情况调整。

7.5.2　苗种繁育

7.5.2.1　施肥

克氏原螯虾的繁殖大部分在秋季、冬季和翌年春季，所以苗种培育前期一定要做到提前培肥水质，做到肥水越冬、深水越冬，保证繁育池有充足的饵料生物供虾苗秋季、冬季和初春食用。当幼虾出现后要适时增施基肥，每公顷可施放腐熟（发酵）的鸡粪 750 kg 和氨基酸肥（按说明书使用），确保越冬前，肥水越冬，越冬后应加满池水保持池塘水位相对稳定。稻田育苗的可利用稻秆还田增加绿肥（同时也可解决秸秆焚烧的问题），其方法是：水稻收割时，将禾兜留高致 35～40 cm，收割的秸秆分成若干小堆，并做到相对均匀地堆放在虾田中，蓄水后让其慢慢地腐烂（早中稻、中稻稻秆需要上水 7～10 d 后，把水放掉重新上水，以降解稻秆腐烂有害物质），预留的禾兜让其慢慢腐烂。整个苗种培育期，要坚持每月施放追肥一次，应根据水质的肥瘦、水温高低等情况确定每月的追肥施用量。

7.5.2.2　投饵

幼虾投喂饲料要以投喂幼虾颗粒饲料为主，并要求颗粒饲料在水中的稳定性不小于 2 h，粗蛋白含量为 36% 以上，粗脂肪含量为 5%～7%，同时饲料的诱食性要好。颗粒饲料的日投喂量为幼虾体重的 1.5%～5%，天气晴好、水草较少时多投，闷热天、雷雨天、水质恶化或水体缺氧时少投。

冬季及初春，天然饵料生物丰富的可不投或少投饲料，天然饵料生物不足时可适当投喂人工配合饲料等。当水温低于 8℃时，不投喂；当水温高于 8℃时，应试着投喂饲料，起初可每 2～3 d 投喂一次，正常摄食后每天投喂 1～2 次，日投饵量以稻田虾总重的 1.0%～1.5%（参考值）。当水温到达 12℃以上时，每日应适当投喂人工饲料，投喂量以稻田存虾总量的 2%～5%，投喂时间为早晚各一次，其中以傍晚投喂为好。4 月上中旬后，克氏原螯虾生长开始进入生长旺季，此时更要加强投喂。投饲应遵循"四定"的原则，投喂的饲料要新鲜，不投腐败变质的饲料；定期在饲料中加入光合细菌、免疫多糖、多种维生素等药物，制成药饵投喂，增强虾的体质，减少疾病的发生；在克氏原螯虾生长的高峰季节，在保证投喂饲料的比例，大批虾蜕壳时不要冲水，蜕壳后增加投喂优质动物性饲料，促进克氏原螯虾快速生长。

7.6　繁养殖管理

7.6.1　水位控制

1—2 月，水位控制在田面 60 cm 以上；3 月后水位控制在 20～30 cm；4 月中旬之后，水位控制在 50 cm 左右，5—7 月水位控制 60～80 cm。整田前降低水位至 5 cm 左右，之后的稻田水位控制按照水稻种植要求进行。稻谷收割前应排水，促使虾在环沟中掘洞，最后环沟内水位保持在 80～100 cm。稻谷收割后 10～15 d 田面长出青草后开始灌水，随后草长水涨。11 月之前，水位控制在田面 30 cm 左右；11—12 月，水位控制在田面 40 cm 左右。

7.6.2　水质调节

9 月至翌年 4 月为苗种繁育期，期间通过施肥和加水、换水使水体透明度始终控制在 30～35 cm。其他时间根据水色、天气和虾的活动情况，适时加水、换水等方法调节水质，使水体透明度始终控制在 35～45 cm。溶解氧量始终不低于 5 mg/L，pH 始终维持在 7.2～8.5，水肥活爽，水色为淡绿色，氨氮含量小于 0.5 mg/L，亚硝酸盐含量小于 0.05 mg/L。

7.6.3 水草管理

水草保持在环沟面积的 40%～50%，水草过多时应及时割除，水草不足时及时补充。高温季节应对伊乐藻、轮叶黑藻进行割茬处理，防止高温烂草。

7.6.4 巡田

经常检查虾的吃食、病害、防逃设施等情况，并检测水质，发现问题及时处理。

7.6.5 繁殖

a）宜适量补充动物性饵料，日投饵量以亲虾总重的 1% 为宜，以满足亲虾性腺发育的需要。

b）宜适当移植凤眼莲、浮萍等漂浮植物以降低水体光照强度，达到促进亲虾性腺发育的目的。漂浮植物覆盖面积宜为环沟面积的 20% 左右。

c）宜适量补充莴苣叶、卷心菜、玉米等富含维生素 E 的饵料以提高亲虾的繁殖能力。

7.7 病害防控

坚持以预防为主，防重于治的原则。发生病害时，应准确诊断、对症治疗，治疗用药应符合 SC/T 1132 和 NY 5071 中的规定。平时宜采取以下措施预防病害：

a）苗种放养前，用生石灰消毒环沟，杀灭稻田中的病原体；

b）运输和投放苗种时，避免堆压等造成虾体损伤；

c）放养苗种和亲虾时用 30～40 g/L NaCl 溶液或 5～10 g/m³ 聚维酮碘溶液（有效碘 1%）浸洗虾体 5～10 min，进行虾体消毒；

d）加强水草的养护管理；

e）饲养期间饵料要投足投匀，防止因饵料不足使虾相互争斗；

　　f）定期改良底质，调节水质；

　　g）在 5 月之前通过捕捞适当降低养殖密度。

7.8　捕捞

7.8.1　捕捞时间

开展繁育的稻田，幼苗和幼虾捕捞时间为 11 月至 12 月中旬和翌年 3 月下旬至 4 月中旬；有环沟和无环沟养殖成虾捕捞时间为每年的 3 月开始，至种植水稻结束。

7.8.2　捕捞工具

捕捞工具主要是地笼。幼虾捕捞地笼网眼规格宜为 1.0 cm；成虾捕捞地笼网眼规格宜为 3.5 ~ 4.0 cm。

7.8.3　捕捞方法

捕捞初期，直接将地笼布放于稻田及环沟之内，隔几天转换一个地方。当捕获量渐少时，可将稻田水排出，使虾落入环沟中，再集中于环沟中放地笼。进行幼虾捕捞时，当幼虾捕捞总量达到 750 kg/hm^2 左右时，宜停止捕捞，剩余的幼虾用来养殖成虾。

参考文献

［1］蔡凤金，武正军，何南.克氏原螯虾的入侵生态学研究进展［J］.生态学杂志，2010，29（1）：124–132.

［2］曹凑贵，江洋，汪金平，等.稻虾共作模式的"双刃性"及可持续发展策略［J］.中国生态农业学报，2017（9）：1245–1253.

［3］曹烈，王建民，黄金球.克氏原螯虾工厂化繁育技术研究［J］.江西水产科技，2009（2）：14–19.

［4］陈昌福.淡水螯虾传染性疾病的研究进展［J］.华中农业大学学报，2009，28（4）：507–512.

［5］窦寅，黄越峰，唐建清.水蕹菜植生型混凝土对克氏原螯虾养殖污水除磷效果研究［J］.安徽农业科学，2010，38（2）：766–768.

［6］龚世园，何绪刚.克氏原螯虾繁殖与养殖最新技术［M］.北京：中国农业出版社，2011.

［7］郭晓鸣，朱松泉.克氏原螯虾幼体发育的初步研究［J］.动物学报，1997，43（4）：372–381.

［8］黄富强，米长生，王晓鹏，等.稻虾共作种养模式的优势及综合配套技术［J］.北方水稻，2016（2）：43–45.

［9］李亚梦.稻虾综合种养模式下多菌灵在克氏原螯虾中的残留特征、归趋与富集效应研究［D］.上海：上海海洋大学，2018.

［10］梁昱，阳文静，倪才英，等.江西省稻虾综合种养模式发展现状分析［J］.江西水产科技，2018（5）：45–47.

［11］吕佳，宋胜磊，唐建清，等.克氏原螯虾受精卵发育的温度因子数学模型分析［J］.南京大学学报（自然科学版），2004，40（2）：226–231.

［12］佀国涵，彭成林，徐祥玉，等.稻虾共作模式对涝渍稻田土壤理化性状的影响［J］.中国生态农业学报，2017（1）：61–68.

［13］唐建清，宋胜磊，潘建林，等.克氏原螯虾对几种人工洞穴的选择性［J］.水产科学，2004，23（5）：26–28.

［14］唐建清，滕忠祥，周继刚.淡水虾规模养殖关键技术［M］.南京：科学技术出版社，2006.

［15］夏珍珍，张隽娴，周有祥，等.我国小龙虾质量安全标准的现状分析［J］.现代食品科技，2020，36（3）：310–318.

［16］邢浩男，莫亚琼，张倩语，等.稻虾综合种养技术［J］.湖北农机化，2020（15）：50–51.

［17］许元钏.克氏原螯虾养殖对稻田生态系统影响的初步研究［D］.大连：大连海洋大学，2020.

郑重声明

高等教育出版社依法对本书享有专有出版权。任何未经许可的复制、销售行为均违反《中华人民共和国著作权法》，其行为人将承担相应的民事责任和行政责任；构成犯罪的，将被依法追究刑事责任。为了维护市场秩序，保护读者的合法权益，避免读者误用盗版书造成不良后果，我社将配合行政执法部门和司法机关对违法犯罪的单位和个人进行严厉打击。社会各界人士如发现上述侵权行为，希望及时举报，我社将奖励举报有功人员。

反盗版举报电话　(010)58581999　58582371
反盗版举报邮箱　dd@hep.com.cn
通信地址　北京市西城区德外大街4号　高等教育出版社法律事务部
邮政编码　100120

读者意见反馈

为收集对教材的意见建议，进一步完善教材编写并做好服务工作，读者可将对本教材的意见建议通过如下渠道反馈至我社。

咨询电话　400-810-0598
反馈邮箱　gjdzfwb@pub.hep.cn
通信地址　北京市朝阳区惠新东街4号富盛大厦1座　高等教育出版社总编辑办公室
邮政编码　100029

防伪查询说明

用户购书后刮开封底防伪涂层，使用手机微信等软件扫描二维码，会跳转至防伪查询网页，获得所购图书详细信息。

防伪客服电话　(010)58582300

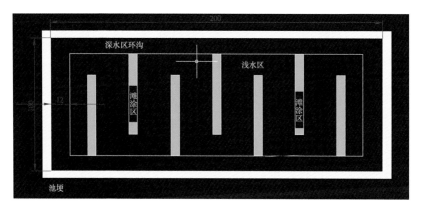

小龙虾繁殖池平面图

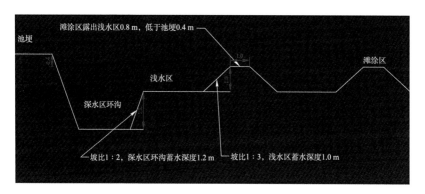

小龙虾繁殖池剖面图

稻虾养殖现场

稻虾秋季管理

稻虾田间工程改造（1）

稻虾田间工程改造（2）

水草种植

稻虾综合种养投喂

稻虾综合种养现场（1）

稻虾综合种养现场（2）

稻虾综合种养现场（3）

稻虾综合种养现场（4）

稻虾综合种养现场（5）

稻虾养殖现场

稻虾繁育基地外景图

稻虾繁育现场

小龙虾形态

小龙虾抱卵孵化

小龙虾种虾虾苗

小龙虾幼虾虾苗